工业和信息化精品系列教材

U0121868

JavaScript
程序设计

微课版

董宁 袁晓曦 ◉ 主编

江平 陈丹 张宇 ◉ 副主编

罗保山 ◉ 主审

JAVASCRIPT
PROGRAMMING

人民邮电出版社

北 京

图书在版编目（CIP）数据

JavaScript程序设计：微课版 / 董宁，袁晓曦主编
. —— 北京：人民邮电出版社，2023.8
工业和信息化精品系列教材
ISBN 978-7-115-59983-4

Ⅰ. ①J… Ⅱ. ①董… ②袁… Ⅲ. ①JAVA语言—程序
设计—教材 Ⅳ. ①TP312.8

中国版本图书馆CIP数据核字(2022)第160097号

内 容 提 要

本书基于 ECMAScript 6 标准系统介绍 JavaScript 语言程序设计相关的技术，主要包括 JavaScript 语言的基本概念与开发环境、语法、对象、文档对象模型（DOM）、事件处理、浏览器对象模型（BOM）、异步模式、面向对象编程、JavaScript 库和 Ajax 应用等。本书逻辑严密，实例丰富，内容翔实，可操作性强。

本书可作为普通高等院校、高职高专院校软件技术相关专业教材，也可作为 Web 前端开发人员的参考书，还可作为各类软件开发相关培训教材。

◆ 主　编　董　宁　袁晓曦
　　副主编　江　平　陈　丹　张　宇
　　主　审　罗保山
　　责任编辑　鹿　征
　　责任印制　王　郁　焦志炜

◆ 人民邮电出版社出版发行　　北京市丰台区成寿寺路 11 号
　　邮编　100164　　电子邮件　315@ptpress.com.cn
　　网址　https://www.ptpress.com.cn
　　山东华立印务有限公司印刷

◆ 开本：787×1092　1/16
　　印张：16.5　　　　　　　　　　　　　2023 年 8 月第 1 版
　　字数：370 千字　　　　　　　　　　2023 年 8 月山东第 1 次印刷

定价：59.80 元

读者服务热线：(010)81055256　印装质量热线：(010)81055316
反盗版热线：(010)81055315
广告经营许可证：京东市监广登字 20170147 号

前言 FOREWORD

JavaScript 语言是一种解释性脚本语言，ECMAScript 标准定义了其语法规则。随着 Web 前端开发的地位越来越重要，JavaScript 语言已经被推到 Web 应用开发的中心位置。使用 JavaScript 语言进行程序设计也成为 Web 应用开发人员的必备技能。

本书基于 ECMAScript 6 标准，讲解 JavaScript 语言程序设计的各种概念和理论知识，并对 JavaScript 语言的综合运用进行详细的讲解。本书知识点连贯，逻辑性强，重难点突出，有利于组织教学。本书在内容安排上承上启下，由简到繁，循序渐进地介绍 JavaScript 语言程序设计，包括 JavaScript 语言的基本概念与开发环境、语法、对象、文档对象模型、事件处理、浏览器对象模型、异步模式、面向对象编程、JavaScript 库和 Ajax 应用等，所有内容都配套细致的案例讲解。

本书是编者在多年的教学实践和科学研究的基础上，参阅了大量国内外相关教材后，几经修改而成的，主要特点如下。

1. 案例丰富，内容翔实

本书使用大量案例来介绍 JavaScript 语言，几乎涉及 JavaScript 语言的每一个领域。

2. 讲解通俗，步骤详细

本书中的每个案例都以通俗易懂的语言描述，并配以案例源代码帮助读者更好地掌握 JavaScript 语言。

3. 由浅入深，逐步讲解

本书按照由浅入深的顺序，循序渐进地介绍 JavaScript 语言程序设计的知识，每个章节在编写的时候都是层层展开、环环相套的。同时，书中还分享了大量 JavaScript 代码的开发经验，并对 JavaScript 语言在实际项目开发中的重点、难点进行了专门的讲解。

4. 内容紧跟 JavaScript 语言技术的发展

本书紧跟 Web 前端技术潮流，采用的 JavaScript 语言标准和 jQuery 版本都是目前的主流版本。

5. 本书配有微课视频及全部的案例源代码等丰富的配套资源

为方便读者使用，本书配有重点内容的微课视频，同时免费提供书中全部案例的源代码及电子教案等资源，读者可在人邮教育社区（https://www.ryjiaoyu.com）网站注册、登录后下载。

本书由董宁、袁晓曦担任主编，江平、陈丹、张宇担任副主编，罗保山主审，孙琳、刘洁、赵丙秀、李唯、江骏、肖英、李文蕙参加编写，董宁统编全稿。

由于编者水平有限，书中难免存在错漏之处，敬请广大读者批评指正。

编者

2022 年 11 月

目录 CONTENTS

第3章

JavaScript 对象

第4章

文档对象模型（DOM）

第5章

事件处理

第 10 章

Ajax 应用

第1章
JavaScript基础

本章导读

JavaScript 是一种基于对象的脚本编程语言。从本章中读者可以了解 JavaScript 出现的缘由，以及它是如何从基本的浏览器脚本语言发展到如今涵盖前后端开发多个方面的标准化编程语言的。另外，本章还会介绍 JavaScript 的具体应用及 JavaScript 脚本语言的开发环境。

本章要点

- JavaScript 和客户端脚本编程的起源
- 在 Web 页面中使用 JavaScript 的方法
- 编写和调试 JavaScript 代码的几种常用工具

1.1 JavaScript 的历史与现状

1.1.1 JavaScript 的发展

JavaScript 语言诞生于 1995 年，最初由 Netscape 公司的程序员布兰登·艾克（Brendan Eich）所开发，目的是设计一种能嵌入在网页中由浏览器端执行的语言，以提高网页响应速度和添加动态效果。

微课 1.1
JavaScript 的
历史与现状

JavaScript 语言最初叫作 LiveScript，后来在 Netscape 公司与 Sun 公司（Java 语言的发明者和所有者，2009 年被 Oracle 公司收购）合作后才改为现在的名字。虽然 JavaScript 语言和 Java 语言在名字上很接近，但它们本质上是两种不同的编程语言。

JavaScript 语言随着 Netscape Navigator 2.0 浏览器的推出取得了成功，同期微软公司也在其开发的 IE 浏览器中加入了类似 JavaScript 的语言，叫作 JScript。由于两大厂商的 JavaScript 语言和 JScript 语言并没有遵循统一的标准，这使得网页开发人员不得不花费大量额外的时间来处理不同浏览器间的兼容问题。

为解决兼容问题，1997 年，JavaScript1.1 作为一个草案被提交给 ECMA（European Computer Manufacturers Association，欧洲计算机制造商协会），由 Netscape、Sun、微软和 Borland 等公司组成的工作组共同制定了 ECMA-262 脚本语言标准,该标准定义了一种叫 ECMAScript 的脚本语言。1998 年，该标准被采纳，并成为 ISO（International Organization for Standardization，国际标准化组织）标准（ISO/IEC 16262）。

随着 ECMAScript 标准的推出，JavaScript 语言有了统一的实现规范，现在所有主流浏览器都做到了与 JavaScript 语言的兼容。

1.1.2 JavaScript 的现状

2015 年 6 月，ECMAScript 6（以下简称 ES6）正式发布，作为 ECMAScript 5.1 之后的一次重要改进，其目标是使参照此标准实现的 JavaScript 语言可以更适合用来开发大型的、复杂的企业级应用。ES6 添加了模块和类等工程化开发语言的必要特性，同时也添加了 Map、Set、Promise（异步回调）和 Generator（生成器）等一些实用特性。

虽然 ES6 在语言标准上进行了大量的更新，但其依旧完全兼容以前的版本，也就是说，所有在 ES6 语言标准发布之前编写的 JavaScript 代码都可以在实现了 ES6 语言标准的浏览器或其他环境中正常运行。

今后 ECMA 将用频繁发布小规模增量更新的方式公布新的语言标准，所以，新的 JavaScript 语言标准将按照 ECMAScript 加年份的形式命名发布。截至 2022 年，ECMAScript 的最新标准是第 13 版，也叫 ECMAScript 2022，已由 ECMA 的 TC39 团队正式发布，可在 ECMA 官网查看。

1.1.3　JavaScript 的定位

　　JavaScript 语言是一种脚本语言，ECMAScript 标准定义了其语法规则。学习 JavaScript 语言不仅仅是学习 JavaScript 语法，同时也要掌握 JavaScript 语言宿主的对象的调用。JavaScript 语言宿主是指 JavaScript 语言的运行环境。在 Web 前端开发领域中，浏览器作为 JavaScript 语言宿主提供了许多对象供 JavaScript 语言调用，本书除介绍 JavaScript 语言之外，也会讲解浏览器提供的对象如何使用。

　　随着 ECMAScript 标准的完善，各种优秀的 JavaScript 语言编译与运行环境不断涌现。Node.js 等框架的出现，使得 JavaScript 语言不仅可以被用在 Web 前端开发领域，还可以用在服务器程序的开发中。不过应用 JavaScript 语言进行服务器程序开发并不在本书的介绍范围之内，感兴趣的读者可自行查阅相关的技术资料。

1.1.4　JavaScript 在 Web 前端开发中的作用

　　超文本标签语言（Hypertext Markup Language，HTML）可用来制作所需的 Web 网页，通过 HTML 标签的描述就可以实现文字、表格、声音、图像、动画等多种信息的检索。然而采用单纯的 HTML 技术存在一定的缺陷，那就是它只能提供静态的信息资源，缺少动态的效果。这里所说的动态效果分为两种：一种是客户端的动态效果，就是我们看到的 Web 页面是活动的，可以处理各种事件，例如鼠标指针移动时图片会有翻转效果等；另一种是客户端与服务器端的交互产生的动态效果，例如电子邮箱网站页面实时更新的收件数和动态加载邮件内容等。实现客户端的动态效果，JavaScript 无疑是适合的工具。JavaScript 的出现，使得信息和用户之间不仅是一种显示和浏览的关系，还实现了一种实时的、动态的、交互的关系。基于公共网关接口（Common Gateway Interface，CGI）静态的 HTML 页面将可提供动态实时信息，不再需要专门的 Web 页面对客户端操作进行反馈。JavaScript 正是为满足这种需求而产生的语言。

　　JavaScript 是一种基于对象和事件驱动并具有安全性能的脚本编写语言，它采用小程序段的方式实现编程，像其他脚本语言一样，JavaScript 也是一种解释型语言，可提供简易的开发过程。它的基本结构形式与 C、C++、VB、Delphi 语言的十分类似。但它不像这些语言一样，需要先编译，而是在程序运行过程中代码被逐行地解释。在 HTML 基础上，使用 JavaScript 可以开发交互式 Web 网页，它是通过被嵌入或调入在标准的 HTML 代码中实现的。JavaScript 与 HTML 标签结合在一起，可实现在一个网页中链接多个对象，与网络用户交互作用，从而可以开发客户端的应用程序，其作用主要体现在以下几个方面。

　　① 动态性。JavaScript 是动态的，它可以直接对用户的输入做出响应，无须经过 Web 服务程序。它对用户的响应，是以事件驱动的方式进行的。所谓事件，就是指在网页中执行了某种操作所产生的动作。例如按鼠标按键、移动窗口、选择菜单等都可以被视为事件。事件发生后，可能会引起相应的事件响应。

　　② 跨平台。JavaScript 依赖于浏览器本身，与操作环境无关，只要有能运行浏览器的计

算机，并且浏览器支持 JavaScript，就可以正确执行 JavaScript 代码。

③ 相对安全性。JavaScript 脚本是客户端脚本，通过浏览器解释执行。它不允许访问本地的硬盘，并且不能将数据存入服务器，不允许对网络文档进行修改和删除，只能通过浏览器实现信息浏览或动态交互，从而有效地防止数据的丢失。

④ 节省客户端与服务器端的交互时间。随着万维网（World Wide Web，WWW）的迅速发展，有许多服务器提供的服务要与客户端进行交互，如确定用户的身份、服务的内容等，这项工作通常使用 perl 语言编导的 CGI 程序与用户进行交互来完成。很显然，通过网络与用户进行交互一方面增大了网络的通信量，另一方面影响了服务器的服务性能。服务器为用户运行 CGI 程序时，需要一个进程为它服务，它要占用服务器的资源（如 CPU 服务、内存耗费等），如果用户填表出现错误，交互服务占用的时间就会相应增加。被访问的热点主机与用户交互越多，对服务器的性能影响就越大。而 JavaScript 是一种基于客户端浏览器的语言，用户在浏览器中填表、验证的交互过程只是通过浏览器对调入 HTML 文档中的 JavaScript 源代码进行解释与执行的，即使是必须调用 CGI 程序的部分，浏览器也只将用户输入、验证后的信息提交给远程的服务器，可大大减少服务器的开销。

1.1.5　Ajax

Ajax 即"Asynchronous JavaScript and XML"（异步 JavaScript 和 XML 技术），Ajax 并非缩写词，而是由 Jesse James Garrett（杰西·詹姆斯·加勒特）创造的名词，是指一种创建交互式网页应用的网页开发技术。Ajax 描述了将 JavaScript 和 Web 服务器组合起来的编程范型，JavaScript 是 Ajax 的核心技术之一，在 Ajax 技术架构中起着不可替代的作用。Ajax 是一种 Web 应用程序开发的手段，它采用客户端脚本与 Web 服务器交换数据的方式，所以不必采用中断交互的完整页面刷新，就可以动态地更新 Web 页面，可以节省网络宽带、提高网页加载速度，从而缩短用户等待时间，改善用户的操作体验。

1.1.6　异步编程

异步（Asynchronization）是与同步（Synchronization）相对的概念。在传统单线程编程中，程序的运行是同步的，如图 1-1 所示。

而一个异步程序的运行将不再与原有的序列有顺序关系，如图 1-2 所示。

图 1-1　程序同步运行　　　　　图 1-2　程序异步运行

可以简单理解为同步按代码顺序执行，异步不按代码顺序执行，异步的执行效率更高。在 Web 前端开发中，在处理一些简短、快速的操作时，例如修改一段文本，程序代码可以依次且顺畅地运行，同步编程不存在任何问题。但如果 Web 前端编程的某一段代码出现了意外的延迟，例如调用的远程服务临时无法返回结果，这时整个网页将失去响应。为了避免这种情况的发生，可以使用异步编程来完成一些可能消耗足够长时间以至于被用户察觉的事情，例如读取一个大文件或者发出一个网络请求。

在 JavaScript 中，可以使用回调函数或 ES6 提供的 Promise 类来实现异步编程和结果处理。

1.2 JavaScript 的运行

1.2.1 JavaScript 代码的装载与解析

一个 HTML 页面在被装载时，会解析装载过程中遇到的任何 JavaScript 代码。script 标签可以出现在文档的 head 标签中，也可以出现在 body 标签中。如果有指向外部 JavaScript 文件的链接，它会先装载该链接，再继续解析页面。需要注意的是，通过链接嵌入第三方的脚本时，如果远程服务器因负担过重而无法及时返回文件，就有可能导致页面的加载时间显著变长。

微课 1.2
JavaScript 的运行

JavaScript 代码解析是浏览器取得代码并将之转化成可执行代码的过程。这个过程的第一步是检查代码的语法是否正确，如果不正确，过程会立即失败。如果一个包含错误语法的函数被运行，很可能会得到一条错误消息，显示函数还没定义。当浏览器确认代码合法之后，它会解析 script 块中所有的变量和函数。如果要调用的函数来自其他 script 块或者其他文件，需要确保它在当前 script 块之前装载。

1.2.2 在 HTML 文档中嵌入 JavaScript 代码

JavaScript 代码包括在 HTML 文档中，是 HTML 文档的一部分，能够与 HTML 标签相结合，构成动态的、能够交互的网页。

1. 将 JavaScript 代码嵌入到 HTML 文档中

如果需要把一段 JavaScript 代码嵌入 HTML 文档中，需要使用 script 标签（同时使用 type 属性来定义脚本语言）。使用 <script type="text/javascript"> 和 </script> 就可以告诉浏览器 JavaScript 代码从何处开始，到何处结束。浏览器载入嵌有 JavaScript 代码的 HTML 文档时，能自动识别 JavaScript 代码的起始标签和结束标签，并将其间的代码按照 JavaScript 语言标准加以解析并运行，然后将运行结果返回 HTML 文档并在浏览器窗口显示。

【案例 1-1】将 JavaScript 代码嵌入 HTML 文档中。

```
<html>
  <head>
    <title>1-1 将 JavaScript 代码嵌入 HTML 文档中</title>
```

5

```
        </head>
        <body>
            <script language="JavaScript" type="text/javascript">
                window.alert("Hello World!");
            </script>
        </body>
    </html>
```

运行结果如图 1-3 所示。

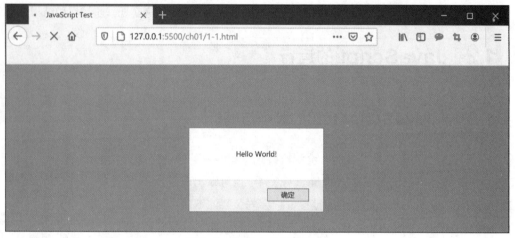

图 1-3　案例 1-1 运行结果

在案例 1-1 的代码中，除了 script 标签对之间的内容，其他都是非常基本的 HTML 代码，由此可见，script 标签可以将 JavaScript 代码封装并嵌入到 HTML 文档中。script 标签的作用是将 JavaScript 代码封装，并告诉浏览器其间的代码为 JavaScript 代码。这段 JavaScript 代码调用了 window 对象的 alert()方法来弹出对话框，并将字符串显示在对话框中。

下面重点介绍 script 标签的几个属性。

① language 属性：用于指定封装代码的脚本语言及版本，有的浏览器还支持 perl、VBScript 等，几乎所有浏览器（非常老的版本除外）都支持 JavaScript，language 属性默认值也为 JavaScript。目前大多数标准已不再支持 language 属性，所以编码时可以忽略该属性。

② type 属性：指定在 script 标签对之间插入的代码类型。

③ src 属性：用于将外部的脚本文件内容嵌入到当前文档中，一般在较新版本的浏览器中使用。使用 JavaScript 编写的外部脚本文件一般使用“.js”为扩展名，同时在 script 标签中不包含任何内容，如下所示：

```
<script type="text/javascript" src="Hello.js">
</script>
```

案例 1-2 演示了 script 标签的 src 属性如何引入 JavaScript 代码。

【案例 1-2】改写案例 1-1 的代码并将其保存为 1-2.html。

```
<html>
    <head>
```

```
    <title>1-2 改写案例 1-1 的代码并将其保存为 1-2.html</title>
  </head>
  <body>
    <script type="text/javascript" src="1-2.js">
    </script>
  </body>
</html>
```

同时再编辑如下代码并将其保存为 1-2.js。

```
window.alert("hello from 1-2.js")
```

将 1-2.html 和 1-2.js 文件放置于同一目录下，在浏览器中打开 1-2.html，运行结果如图 1-4 所示。

图 1-4　案例 1-2 运行结果

可见，通过外部引入 JavaScript 代码文件的方式能实现同样的功能，并具有如下优点。

① 将 JavaScript 代码同现有页面的逻辑结构及浏览器结果分离。通过外部代码，可以轻易实现多个页面共用实现相同功能的代码文件，以便通过更新一个代码文件的内容达到批量更新的目的。

② 浏览器可以实现对目标代码文件的高速缓存，避免由于引用同样功能的代码文件而导致下载时间的增加。

与 Java 语言通过 import 关键字导入包相似，引入 JavaScript 代码时使用外部代码文件的方式更符合结构化编程的思想。

引用外部文件中的 JavaScript 代码也必须更加谨慎。在某些情况下，引用的外部 JavaScript 代码文件由于功能过于复杂或其他原因导致的加载时间过长，有可能导致页面事件得不到处理或者得不到正确的处理，编码时必须谨慎使用并确保脚本加载完成后，其中的函数才被页面事件调用，否则浏览器会报错。

综上所述，使用引入外部 JavaScript 代码文件的方法优点与缺点并存，开发 Web 前端项目时应权衡优、缺点，以决定是将 JavaScript 代码嵌入目标 HTML 文档中，还是通过引用外部代码文件的方式来实现相同的功能。

2．HTML 文档中 JavaScript 代码的嵌入位置

JavaScript 代码可放在 HTML 文档中任何位置。一般来说，可以在 head 标签、body 标签之间按需要插入 JavaScript 代码。

（1）在 head 标签之间插入 JavaScript 代码

放置在 head 标签之间的 JavaScript 代码用于提前载入以响应用户的动作，一般不影响 HTML 文档的浏览器显示内容。如下是其基本文档结构：

```html
<html>
  <head>
    <title>文档标题</title>
    <script type="text/javascript">
      //脚本语句
    </script>
  </head>
  <body>
  </body>
</html>
```

（2）在 body 标签之间插入 JavaScript 代码

如果需要在页面载入时运行 JavaScript 代码生成网页内容，应将代码放置在 body 标签之间，可根据需要编写多个独立的代码段并将之与 HTML 代码结合在一起。如下是其基本文档结构：

```html
<html>
  <head>
    <title>文档标题</title>
  </head>
  <body>
    <script type="text/javascript">
      //脚本语句
    </script>
      //HTML 语句
    <script type="text/javascript">
      //脚本语句
    </script>
  </body>
</html>
```

（3）在不同的标签之间插入 JavaScript 代码

如果既需要提前载入脚本代码以响应用户的事件，又需要在页面载入时使用脚本生成页面内容，可以综合以上两种方式。如下是其基本文档结构：

```html
<html>
  <head>
    <title>文档标题</title>
    <script type="text/javascript">
      //脚本语句
    </script>
  </head>
  <body>
```

```
    <script type="text/javascript">
        //脚本语句
    </script>
  </body>
</html>
```

在 HTML 文档中的何种位置嵌入 JavaScript 代码应由其实际功能需求来决定。

1.3 JavaScript 的开发环境

由于 JavaScript 代码是由浏览器解释执行的,因此编写、运行 JavaScript 代码并不需要特殊的编程环境,只需要普通的文本编辑器和支持 JavaScript 代码的浏览器。

微课 1.3
JavaScript 的
开发环境

JavaScript 语言编程一般分为如下步骤。

① 选择 JavaScript 代码编辑器编辑 JavaScript 代码。

② 将 JavaScript 代码嵌入 HTML 文档。

③ 选择支持 JavaScript 的浏览器浏览该 HTML 文档。

④ 如果出现错误则检查并修正源代码,重新浏览,重复此过程直至代码正确为止。

⑤ 处理在不同浏览器中 JavaScript 代码不兼容的情况。

1.3.1 编写 JavaScript 代码

由于 JavaScript 仅由文本构成,因此编写 JavaScript 代码可以用任何文本编辑器,也可以用编写 HTML 文档和串联样式表(Cascading Style Sheets,CSS)文件的任何程序,或者用像 Visual Studio 和 Eclipse 这样强大的集成开发环境。对于 Web 前端开发,可以使用类似 Visual Studio Code(简称 VS Code)这样专注于代码编写的、轻量级且功能强大的文本编辑工具作为 JavaScript 代码的编写工具。

Visual Studio Code 集成了一款现代编辑器所应该具备的特性,包括语法高亮、可定制的热键绑定、括号匹配以及代码片段收集等,对版本管理工具 Git 也提供了原生的支持。该编辑器支持多种语言和文件格式的编写,如 Markdown、Python、Java、PHP、HTML、JSON、TypeScript、CSS、JavaScript 等。该编辑器也是一个跨平台的编辑器,同时支持 Windows、Linux、MacOS 等操作系统。

Visual Studio Code 提供了插件市场(Extensions Marketplace),其可以根据不同的编码需求,通过安装插件来扩展新的功能。根据 JavaScript 编码需要,本节将重点介绍如何将 Visual Studio Code 配置成易用且高效的 JavaScript 开发环境。

1. Visual Studio Code 的版本选择与获取

Visual Studio Code 是一款开源的软件,所有版本都可以在其官方网站直接下载。

根据操作系统选择对应的版本下载安装后运行,可以看到图 1-5 所示的界面。本书选用的是 Visual Studio Code 的 64 位版本,系统环境为 Windows 10 操作系统。

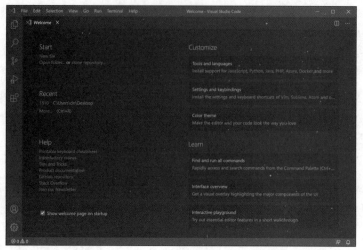

图 1-5　Visual Studio Code 界面

2．JavaScript 开发环境的配置

Visual Studio Code 是一款通用型文本编辑工具，完成默认安装后可以使用插件配置功能。为了更高效地学习 JavaScript 语言和进行 Web 前端开发，编者在此推荐安装如下插件。

（1）简体中文语言包

该插件的用途是将 Visual Studio Code 的操作界面改为简体中文，可以让用户在使用上更加直观。其安装步骤如下。

① 运行 Visual Studio Code，在保证计算机正确访问 Internet 的情况下，单击"Extensions"图标打开插件市场，如图 1-6 所示。

图 1-6　打开插件市场

② 在搜索栏中输入"chinese"，找到"Chinese (Simplified) Language Pack for Visual Studio Code"，选中该插件并单击"Install"按钮，如图 1-7 所示。

③ 插件安装完成后，会弹出重启软件的提示，单击"Restart Now"按钮，如图 1-8 所示，

重启后 Visual Studio Code 的界面将切换为简体中文。

图 1-7　安装简体中文语言包插件　　　图 1-8　安装完成后单击"Restart Now"按钮

（2）ESLint

该插件的功能是检查 JavaScript 代码格式和自动格式化 JavaScript 代码。其安装方法为打开 Visual Studio Code 的插件市场，在搜索栏中输入"eslint"，找到"ESLint"插件并安装，如图 1-9 所示。

ESLint 插件安装好后，可以在 HTML 文件或 JavaScript 文件的编辑窗口中，单击鼠标右键（以下简称"右击"），调出快捷菜单，选择"格式化文档"来自动调整代码格式，如图 1-10 所示。

 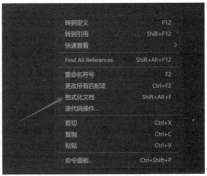

图 1-9　安装 ESLint 插件　　　　　　　图 1-10　格式化文档

（3）Live Server

该插件的功能为开启一个 Web 服务器，让编写好的 HTML 文档可以在服务器中运行、测试。其安装方法为打开 Visual Studio Code 的插件市场，在搜索栏中输入"live server"，找到"Live Server"插件并安装，如图 1-11 所示。

图 1-11　安装 Live Server 插件

Live Server 插件安装好后，可以在 HTML 文件或 JavaScript 文件的编辑窗口中，右击调出快捷菜单，选择"Open with Live Server"来调用浏览器，访问当前文件，如图 1-12 所示。

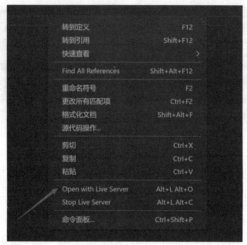

图 1-12　调用浏览器访问当前页面

3．Visual Studio Code 前端开发使用技巧

（1）同时编辑多行代码

Visual Studio Code 支持多行代码同时编辑。多行代码的编辑可以通过两种操作模式实现。一种是通过"Shift+Alt+单击鼠标左键（以下简称'单击'）"组合键选择一个竖列同时编辑和通过"Alt+单击"组合键选择多个位置同时编辑，另一种是通过"Shift+Ctrl+单击"组合键选择一个竖列同时编辑和通过"Ctrl+单击"组合键选择多个位置同时编辑。这两种操作模式的切换可以通过按"Shift+Ctrl+P"组合键调用查询输入栏，在查询输入栏中输入"cursor"，选择列表中的"切换多行修改键"实现，如图 1-13 所示。

图 1-13　切换多行修改键

（2）HTML 代码辅助生成

Visual Studio Code 支持通过 CSS 选择器自动生成 HTML 代码，可以大大提高 HTML 代码的编写效率，对 JavaScript 程序的开发很有帮助。例如，在 HTML 编辑器中，通过输入"html:5"可以快速生成如下 HTML 代码：

```
<!DOCTYPE html>
<html lang="en">
<head>
  <meta charset="UTF-8">
  <meta name="viewport" content="width=device-width, initial-scale=1.0">
  <title>Document</title>
```

```
</head>
<body>
</body>
</html>
```

通过输入"div#content>h1+p"这样的 CSS 选择器，再按"Tab"键，可以自动生成如下 HTML 代码：

```
<div id="content">
  <h1></h1>
  <p></p>
</div>
```

（3）项目代码管理

如果项目代码启用了 Git 进行版本控制，那么在 Visual Studio Code 中通过单击"源代码管理器"的图标可以很方便地使用提交修改、查看代码版本或切换分支等功能，如图 1-14 所示。

至此，JavaScript 代码的开发环境已配置完成，对初学者来说，虽然整个过程有些烦琐，但熟练使用这款编辑器后能大大提升 JavaScript 代码的编写效率，从这点上来看，花时间完成开发环境的配置是值得的。

图 1-14　项目代码管理

1.3.2　运行与调试 JavaScript 代码

运行和调试 JavaScript 代码的主要工具是 Web 浏览器，主流的 Web 浏览器还会包含一些 JavaScript 调试程序。对于 JavaScript 代码来说，Chrome 浏览器和 Firefox 浏览器是很适合运行与调试的浏览器。上述两款浏览器自带的开发者工具是调试 JavaScript 代码推荐使用的，使用开发者工具可以实时检查一个 Web 页面的所有元素、查看 Ajax 调用的结果以及查看 CSS 样式。

以 Firefox 浏览器为例，本书使用的 Firefox 浏览器版本是 84.0.1。在 Firefox 浏览器中访问任意网站，按"F12"快捷键，即可打开开发者工具，如图 1-15 所示。

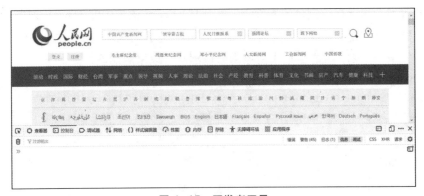

图 1-15　开发者工具

单击开发者工具中的"查看器"标签，如图 1-16 所示，在左侧的代码框中可以查看当前页面的 HTML 代码，通过鼠标指针选择代码，还可以检查每个 HTML 元素的状态，每选择一个元素，右侧面板就会显示选中元素上应用的样式信息。在查看的同时也可以对选中的 HTML 元素进行编辑，编辑结果会在浏览器中实时显示出来。

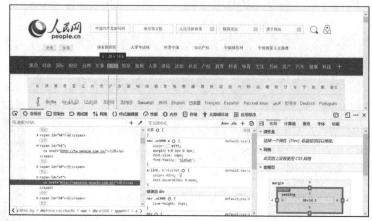

图 1-16 开发者工具的"查看器"标签

单击开发者工具中的"控制台"标签，可以打开页面控制台，如图 1-17 所示。

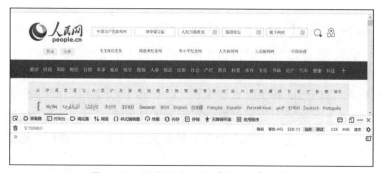

图 1-17 开发者工具的"控制台"标签

当前页面载入的 JavaScript 代码、运行中的错误信息、Ajax 调用、性能分析结果、命令行执行结果等都会显示在控制台的界面上。调用 JavaScript 语言中的 console 对象可以输出信息到浏览器控制台，其中常用的函数是 console.log()，它会将信息输出到控制台，且不会干扰当前页面，如果将案例 1-1 的结果改由控制台输出，可以采用如下方式。

【案例 1-3】通过调用 console 对象输出信息到控制台。

```html
<html>
  <head>
    <title>1-3 通过调用 console 对象输出信息到控制台</title>
    <script type="text/javascript">
      console.log("Hello World!");
    </script>
  </head>
  <body>
  </body>
</html>
```

运行结果如图 1-18 所示。

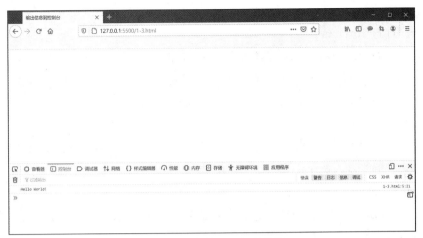

图 1-18　案例 1-3 运行结果

1.3.3　HTTP 调试

在 Web 中进行的所有操作都是运行在超文本传输协议（Hypertext Transfer Protocol，HTTP）上的，浏览器与服务器之间来回传递的信息包都会使用 HTTP。在调试页面和调用 Ajax 时，可以使用 Firefox 浏览器中开发者工具里面的"网络"标签来查看服务器与浏览器之间实际发送和接收的数据。

如图 1-19 所示，通过使用开发者工具跟踪 HTTP 调用，可以观察到请求头和响应头。这让开发者可以很方便地确认发送和收到的数据是否正确。通过对 HTTP 调用的检查还能看到浏览器向服务器发送了什么数据，以及从服务器收到了什么数据。

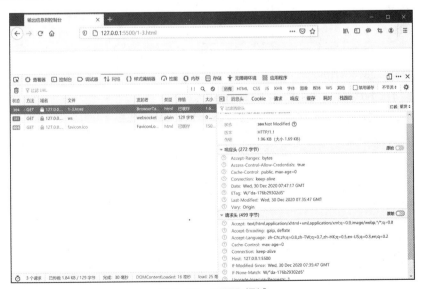

图 1-19　HTTP 调试

如果需要更细粒度的 HTTP 请求分析与监控，可以安装专用的浏览器插件来实现，常用插件如下。

1．Live HTTP Headers

Live HTTP Headers 是 Firefox 浏览器的插件，它能显示所有 HTTP 请求/响应信息，不仅便于进行 Ajax 调用，而且便于监视页面请求（包括表单数据）和重定向。它还能重发指定的请求，甚至在重发之前，还允许修改请求头，大大方便了对各种情形的测试。

2．Fiddler

Fiddler 是一款强大的 HTTP 调试插件，有独立的调试界面，对于同时要在不同浏览器下进行 HTTP 调试的开发人员来说是一个不错的选择。

3．Tamper Data

Tamper Data 是一个浏览器插件，功能非常强大，除可以捕获 HTTP 请求和应答数据之外，最大的优点是可以自定义 HTTP 请求。

本章小结

JavaScript 最初是由 Netscape 公司开发的一种基于对象和事件驱动并具有安全性能的脚本语言，只能用在 Internet 的客户端上。目前的 JavaScript 语言可以运行在多种平台之上，其标准由 ECMA 组织维护。在 HTML 文档中使用 JavaScript 可以开发交互式 Web 页面。JavaScript 使得 Web 网页和用户之间实现了一种实时的、动态的、交互的关系，使得网页包含更多活跃的元素和更加精彩的内容。

本章主要介绍了 JavaScript 语言的发展历史、使用特点和功能，同时介绍了如何在 Web 页面中使用 JavaScript 代码、JavaScript 开发环境配置以及调试 JavaScript 代码的方法。

习　题

1-1　什么是 JavaScript？

1-2　如何在 HTML 文档中嵌入 JavaScript 代码？

1-3　编写一段 JavaScript 代码，在浏览器的控制台中输出信息。

第2章

JavaScript语法

02

本章导读

JavaScript 语言作为一门功能强大、使用范围广泛的程序语言，其语法基础包括变量、数据类型、运算符、语句及函数等内容。本章主要介绍 JavaScript 语言的基础语法知识，带领读者初步领会 JavaScript 语言的精妙之处，并为后续章节的深入学习打下坚实的基础。

本章要点

- JavaScript 的基本数据类型
- JavaScript 的常用运算符
- JavaScript 的语句构成
- 函数的使用及其属性和方法

2.1 JavaScript 语法基础

2.1.1 变量

变量（Variable）是相对于常量而言的，常量通常是一个不会改变的固定值，而变量是对应到某个值的一个符号，这个符号的值可能会随着程序的执行而改变，因此称为变量。JavaScript 语言和其他程序设计语言一样引入了变量，其主要作用是存取数据以及提供存放信息的容器。

JavaScript 中的变量命名同其他语言非常相似，需要注意以下几点。

① 第一个字符必须是字母（大小写均可）、下画线（＿）或美元符号（$）。

② 后续的字符可以是字母、数字、下画线或者美元符号。

③ 变量名称不能是关键字或保留字。

④ 不允许出现中文变量名，且大小写敏感。

在 JavaScript 语言中，声明变量的过程相当简单，JavaScript 语言可以使用关键字 var、let、const 作为变量标识符，用法为在其后加上变量名。

1. 使用关键字 var 声明变量

通过关键字 var 声明一个名为 age 的变量，代码如下：

```
var age;
```

JavaScript 脚本语言允许开发者不先声明变量就直接使用，而在变量赋值时自动声明该变量。一般来说，为养成良好的编程习惯，同时使程序结构更加清晰易懂，建议在使用变量前对变量进行声明。

变量赋值和变量声明可以同时进行，例如，下面的代码声明一个名为 age 的变量，同时给该变量赋初值 25：

```
var age = 25;
```

当然，可在一行 JavaScript 代码中同时声明两个以上的变量，例如：

```
var age , name;
```

同时初始化两个以上的变量也是允许的，例如：

```
var age = 35 , name = "tom";
```

JavaScript 中的变量可以根据其有效范围分为全局（Global）变量和局部（Local）变量两种。其中全局变量从定义开始，到整个 JavaScript 代码结束为止，都可以使用；而局部变量只有在函数内部才有效。如果不使用关键字 var，直接对变量进行赋值，那么 JavaScript 将自动把这个变量声明为全局变量。

【案例 2-1】变量的使用。

```
<html>
    <head>
        <title>2-1 变量的使用</title>
```

```
    </head>
    <body>
      <script type="text/javascript">
        var myVar1 = 50000;
        console.log(myVar1)
        myVar2 = "hello";
        console.log(myVar2)
      </script>
    </body>
</html>
```

运行结果如图 2-1 所示。

图 2-1　案例 2-1 运行结果

2. 使用关键字 let 声明变量

ECMAScript 6 正式名为 ECMAScript 2015（简称 ES2015）。它的目标是使 JavaScript 语言可以用来编写复杂的大型应用程序，成为企业级开发语言。一般情况下，ES6 也泛指 ES2015 及之后的新增特性，虽然之后的版本应当称为 ES7、ES8 等。

在 ES6 中新增了关键字 let 来声明变量，它的用法类似于关键字 var，但是所声明的变量只在关键字 let 所在的代码块内有效。有如下代码：

```
{
  var a=3;
  let b=5;
}
console.log(a); //3
console.log(b); //浏览器给出错误提示 "ReferenceError: b is not defined."
```

上述代码在关键字 let 所在的代码块之中，分别用关键字 var 和 let 声明了两个变量。然后在代码块之外调用这两个变量，结果关键字 var 声明的变量返回了正确的值，而关键字 let 声明的变量报错。这表明，关键字 let 声明的变量只在它所在的代码块内有效。

关键字 let 不允许在相同作用域内重复声明同一个变量。如下代码都会报错：

```
//报错
{
  let a = 2;
  var a = 3;
}
//报错
{
  let a = 2;
  let a = 3;
}
```

关键字 let 实际上为 JavaScript 新增了块级作用域。例如：

```
{
  let n = 5;
  {
    let n = 10;
  }
  console.log(n);    //5
}
```

上面有两个代码块，都声明了变量 n，运行后输出 5。这表示内层作用域可以定义外层作用域的同名变量，但外层代码块不受内层代码块的影响。如果使用关键字 var 定义变量 n，最后输出的值就是 10。

ES6 允许块级作用域的任意嵌套，但外层作用域无法读取内层作用域的变量，如下所示：

```
{let insane = 'Hello World'}
console.log(insane); //报错
```

【**案例 2-2**】使用关键字 let 声明变量。

```html
<html>
  <head>
    <title>2-2 使用关键字 let 声明变量</title>
  </head>
  <body>
    <script type="text/javascript">
      {   //代码块 1
      let n = "code block 1";
        {   //代码块 2
        let n = "code block 2";
        }
        console.log(n);
      }
    </script>
  </body>
</html>
```

运行结果如图 2-2 所示。

图 2-2　案例 2-2 运行结果

说明：目前主流的浏览器都是支持 ES6 的，如果遇到了不支持 ES6 的浏览器，则可以使用一些第三方的转换工具将 ES6 代码转换成 ES5 代码，以提高兼容性。常用的转换工具有 Babel、Traceur 和 es6-shim 等。

3. 使用关键字 const 声明变量

关键字 const 可以用来声明变量，变量一旦被声明，其值就不能改变，这意味着关键字 const 一旦声明变量，就必须立即初始化，不能留到以后赋值。例如：

```
const flag;    //报错：只声明不赋值，就会报错
const PI = 3.14;       //关键字 const 声明的变量不得改变值
PI = 3;   //报错：改变常量的值会报错
```

关键字 const 声明的变量，也与关键字 let 声明的变量一样不可重复声明。如下所示：

```
var str = "Hello!";
let age = 18;
// 以下两行都会报错
const str = "Goodbye!";
const age = 20;
```

关键字 const 的作用域与关键字 let 的相同，只在声明所在的块级作用域内有效。例如：

```
{
    const MAX = 5;
}
console.log(MAX);    //报错：浏览器给出错误提示 "ReferenceError: MAX is not
                       defined"
```

2.1.2 关键字与保留字

ECMA-262 定义了 JavaScript 支持的一套关键字。根据规定，关键字不能用作变量名或函数名。表 2-1 所示是 JavaScript 中的关键字。

表 2-1 JavaScript 中的关键字

break	case	catch	continue	default
delete	do	else	finally	for
function	if	in	instanceof	new
return	switch	this	throw	try
typeof	var	void	while	with

JavaScript 还定义了一套保留字。保留字在某种意义上是为将来的关键字而保留的单词。因此，保留字也不能用作变量名或函数名。JavaScript 中的保留字如表 2-2 所示。

表 2-2 JavaScript 中的保留字

abstract	boolean	byte	char	class
const	debugger	double	enum	export
extends	final	float	goto	implements
import	int	interface	long	native
package	private	protected	public	short
static	super	synchronized	throws	transient
volatile				

2.1.3 原始值与引用值

在 JavaScript 中，变量可以存放两种类型的值，即原始值和引用值。原始值指的就是代

表原始数据类型（基本数据类型）的值，即 Undefined、Null、Number、String、Boolean 型所表示的值。引用值指的就是引用数据类型的值，即 Object、Function、Array 以及自定义对象等所表示的值。

原始值是存储在栈中的简单数据段，即原始值直接存储在变量访问的位置。堆是存储数据的基于散列算法的数据结构，在 JavaScript 中，引用值是存储在堆中的对象，即存储在变量处的值（即指向对象的变量，存储在栈中）是一个指针，指向存储对象的内存处。

为变量赋值时，JavaScript 的解释程序必须判断该值是原始值还是引用值。要实现这一点，解释程序就需要尝试判断该值的类型是否为 JavaScript 的原始数据类型之一，即是否为 Undefined、Null、Number、Boolean、String 型。由于这些原始值占据的空间是固定的，因此可以将它们存储在较小的内存区域中，即栈中，这样便于迅速查询变量的值。

如果一个值是引用值，那么它的存储空间将从堆中分配。由于引用值的大小会改变，因此不能把它放在栈中，否则会降低变量查询的速度。相反，放在变量的栈空间中的值是该对象存储在堆中的地址。地址的大小是固定的，所以把它存储在栈中对变量性能无任何负面影响。

2.2 JavaScript 数据类型

2.2.1 基本数据类型

微课 2.2
JavaScript 数据
类型

变量包含多种类型，JavaScript 语言支持的基本数据类型包括 Number 型、String 型、Boolean 型、Undefined 型和 Null 型，分别对应不同的存储空间，如表 2-3 所示。

表 2-3　基本数据类型

类型	举例	简要说明
Number	45，−34，32.13，3.7E−2	数值型数据
String	"name"，'Tom'	字符型数据，需加双引号或单引号
Boolean	true，false	布尔型数据，不加引号，表示逻辑真或假
Undefined	–	表示未定义
Null	null	表示空值

1. Number 型

Number 型数据即数值型数据，包括整型和浮点型，整型数值可以使用十进制、八进制以及十六进制，而浮点型数值为包含小数点的实数，且可用科学记数法来表示。一般来说，Number 型数据为不使用括号标注的数字，例如：

```
var myDataA=8;
var myDataB=6.3;
```

上述代码分别定义值为 8 的整数型变量 myDataA 和值为 6.3 的浮点型变量 myDataB。除常用的数字之外，JavaScript 还支持以下两个特殊的数值。

① Infinity：当在 JavaScript 中使用的数字大于 JavaScript 所能表示的最大值时，JavaScript 就会将其输出为 Infinity，即无穷大的意思。当然，如果在 JavaScript 中使用的数字小于 JavaScript 所能表示的最小值，JavaScript 就会输出−Infinity。

② NaN：JavaScript 中的 NaN 表示"Not a Number"（不是数字）。通常在进行数字运算时产生了未知的结果或错误时，JavaScript 就会返回 NaN，这代表着数字运算的结果是一个非数字的特殊情况。如用 0 除以 0，JavaScript 就会返回 NaN。NaN 是一个很特殊的数值，不会与任何数字相等，包括 NaN 本身。在 JavaScript 中只能使用 isNaN()函数来判断运算结果是不是 NaN。

2．String 型

String 型数据表示字符型数据。JavaScript 不区分单个字符和字符串，任何字符或字符串都可以用双引号或单引号标注。例如下列语句中定义的 String 型变量 nameA 和 nameB 包含相同的内容：

```
var nameA = "Tom";
var nameB = 'Tom';
```

若字符串本身含有双引号，则应使用单引号将字符串标注起来；若字符串本身含有单引号，则应使用双引号将字符串标注起来。一般来说，在编写脚本过程中，双引号或单引号的选择在整个 JavaScript 脚本代码中应尽量保持一致，以养成良好的编程习惯。

3．Boolean 型

Boolean 型数据表示的是布尔型数据，取值为 true 或 false，分别表示逻辑真和假，且任何时刻都只能使用两种取值中的一种，不能同时出现。例如下列语句分别定义 Boolean 型变量 bChooseA 和 bChooseB，并分别赋予初值 true 和 false：

```
var bChooseA = true;
var bChooseB = false;
```

值得注意的是，Boolean 型变量赋值时，不能在 true 或 false 外面加引号，例如：

```
var happyA = true;
var happyB = "true";
```

上述语句分别定义初始值为 true 的 Boolean 型变量 happyA 和初始值为"true"的 String 型变量 happyB。

4．Undefined 型

Undefined 型即未定义型，用于表示声明了变量但未对其初始化时赋予该变量的值，如下列语句定义变量 name 为 Undefined 型：

```
var name;
```

Undefined 型只有一个值，即 undefined。当声明的变量未初始化时，该变量的默认值是 undefined。定义 Undefined 型变量后，可在后续的脚本代码中对其进行赋值操作，从而自动获得由其值决定的数据类型。

5．Null 型

Null 型数据表示空值，它只有一个专值 null，null 用来表示尚未存在的对象。如果函数或方法要返回的是对象，那么当找不到该对象时，返回的通常是 null。

2.2.2 数据类型转换

JavaScript 是一种无类型的语言，无类型并不是指 JavaScript 没有数据类型，而是指 JavaScript 是一种松散类型、动态类型的语言。因此，在 JavaScript 中定义一个变量时，不需要指定变量的数据类型，这就使得 JavaScript 可以方便、灵活地进行隐式类型转换。所谓隐式类型转换，就是指不需要程序员定义，JavaScript 会自动将某一个类型的数据转换成另一个类型的数据。JavaScript 隐式类型转换的规则是：将类型转换成环境中应该使用的类型。JavaScript 中除可以隐式转换数据类型之外，还可以显式转换数据类型。显式转换数据类型可以增强代码的可读性。常用的类型转换的方法有以下几种。

1. 转换成字符串

JavaScript 中 3 种主要的原始值——布尔值、数值、字符串，以及其他对象都有的 toString()方法，可用于把它们的值转换成字符串。如下所示：

```
var myNum = 100;
console.log(myNum.toString());        //输出"100"
var bFound = false;
console.log(bFound.toString());       //输出"false"
```

各种类型的值向字符串转换的结果如下。

① undefined 值：转换成"undefined"。

② null 值：转换成"null"。

③ 布尔值：值为 true，转换成"true"；值为 false，转换成"false"。

④ 数值：NaN 或数值型变量的完整字符串。

⑤ 其他对象：如果该对象的 toString()方法存在，则返回 toString()方法的返回值，否则返回 undefined。

2. 转换成数字

ECMAScript 提供了两种把非数字的原始值转换成数字的方法，即 parseInt()和 parseFloat()。只有对字符型数据调用这些方法，它们才能正确运行，对其他类型的数据调用，返回的都是 NaN。

（1）转换成整数的 parseInt()方法

parseInt()方法用于将字符串转换为整数，其语法格式为：

```
parseInt(numString,[radix])
```

参数说明如下。

第一个参数为必选项，用来指定要转换为整数的字符串。当使用仅包括第一个参数的 parseInt()方法时，表示将字符串转换为整数。其转换过程为：从字符串第一个字符开始读取数字（跳过前导空格），直到遇到非数字字符时停止读取，将已经读取的数字字符串转换为整数，并返回该整数值。如果字符串的开始位置不是数字，而是其他字符（空格除外），那么 parseInt()方法返回 NaN，表示所传递的参数不能转换为一个整数。例如：

```
parseInt("437abc45");                //返回值为 437
```

第二个参数是可选项。使用该参数的 parseInt()方法能够完成八进制、十六进制等数据的转换。radix 表示要将 numString 作为几进制数进行转换，radix 的取值范围为 2～36。当省略第二个参数时，默认将第一个参数按十进制进行转换。但如果字符以 0x 或 0X 开头，那么按十六进制进行转换。不管指定哪一种进制转换，parseInt()方法总是以十进制值返回结果。例如：

```
parseInt("100abc",8);
```

表示将 100abc 按八进制进行转换，由于 abc 不是数字，因此实际是将八进制数 100 转换为十进制数，转换的结果为 64。

（2）转换成浮点数的 parseFloat()方法

parseFloat()方法用于将字符串转换为浮点数，其语法格式为：

```
parseFloat(numString)
```

parseFloat()方法与 parseInt()方法很相似。不同之处在于 parseFloat()方法能够转换浮点数。参数 numString 即要转换的字符串，如果字符串不以数字开始，则 parseFloat()方法返回 NaN，表示所传递的参数不能转换为一个浮点数。例如：

```
parseFloat(19.3abc);                 //转换的结果为 19.3
```

3．基本数据类型转换

在 JavaScript 中，可以使用如下 3 个函数来将数据类型转换成布尔型、数值型和字符型。

① Boolean(value)：把值转换成布尔型。

② Number(value)：把值转换成数值型（整数或浮点数）。

③ String(value)：把值转换成字符型。

对于函数 Boolean()，如果要转换的值为至少有一个字符的字符串、非 0 的数字或对象，那么函数 Boolean()将返回 true；如果要转换的值为空字符串、数字 0、undefined、null，那么函数 Boolean()会返回 false。例如：

```
var t1 = Boolean("");                        //空字符串，返回 false
var t2 = Boolean("s");                        //非空字符串，返回 true
var t3 = Boolean(0);                          //数字 0，返回 false
var t3 = Boolean(1), t4 = Boolean(-1);        //非 0 数字，返回 true
var t5 = Boolean(null), t6 = Boolean(undefined); //null 和 undefined,
                                                 返回 false
var t7 = Boolean(new Object());               //对象，返回 true
```

函数 Number()与 parseInt()方法和 parseFloat()方法类似，它们的区别在于函数 Number()转换的是整个值，而 parseInt()方法和 parseFloat()方法则可以只转换开头的数字部分。例如，Number("1.2.3")、Number("123abc")会返回 NaN，而 parseInt("1.2.3")返回，parseInt("123abc")返回 123，parseFloat("1.2.3")返回 1.2，parseFloat("123abc")返回 123。函数 Number()会先判断要转换的值能否被完整地转换，然后判断调用 parseInt()方法或 parseFloat()方法。表 2-4 列举了一些值调用函数 Number()转换之后的结果。

表 2-4　调用函数 Number() 的结果

用法	结果
Number(false)	0
Number(true)	1
Number(undefined)	NaN
Number(null)	0
Number("1.2")	1.2
Number("12")	12
Number("1.2.3")	NaN
Number(new Object())	NaN
Number(123)	123

对于函数 String()，它可以把所有类型的数据转换成字符串，例如：

```
String(false);          //返回"false"
String(1);              //返回"1"
```

它和 toString() 方法有些不同，区别在于对 null 或 undefined 值用函数 String() 进行强制类型转换可以生成字符串而不引发错误，如下所示：

```
var t1 = null;
var t2 = String(t1);    //t2 的值为 null
var t3 = t1.toString(); //这里会报错
var t4;
var t5 = String(t4);    //t5 的值为 undefined
var t6 = t4.toString(); //这里会报错
```

2.2.3　引用类型

除基本的数据类型之外，JavaScript 还支持引用类型，引用类型包括对象和数组两种。本小节简要介绍引用类型的基本概念及其用法，本书后续章节将进行专门论述。

1. 对象

JavaScript 中的对象是一个属性的集合，其中的每一个属性都包含一个基本值。对象中的数据是已命名的数据，通常作为对象的属性来引用，通过这些属性可以访问值。保存在属性中的可以是一个值或一个对象，甚至是一个函数。对象使用花括号创建，例如，下面的语句创建了一个名为 myObject 的空对象：

```
var myObject = {};
```

下面是一个带有几个属性的对象：

```
var dvdCatalog = {
    "identifier" : "1",
    "name" : "Coho Vineyard",
    "info" : function showinfo(){ alert("OK"); }
};
```

上述示例代码创建了一个名为 dvdCatalog 的对象，它有 3 个属性，其中的两个属性一个叫作 identifier，另一个叫作 name，这两个属性中包含的值分别是"1"和"Coho Vineyard"；还有一个方法属性 showinfo()。可以使用如下方法访问 dvdCatalog 对象的 name 属性和 showinfo()方法：

```
dvdCatalog.name
dvdCatalog.showinfo()
```

2. 数组

数组和对象一样，也是一些属性的集合，这些数据的类型可以是字符型、数值型、布尔型，也可以是引用类型。例如：

```
var score = [56, 34, 23, 76, 45];
```

上述语句创建数组 score，方括号内的成员为数组元素。由于 JavaScript 是弱类型语言，因此，不要求目标数组中各元素的数据类型均相同，例如：

```
var score = [56, 34, "23", 76, "45"];
```

数组为每个元素都编一个号，这个编号称为数组的索引。在 JavaScript 中，数组的索引从 0 开始，通过使用数组名加索引的方法可以获取数组中的某个元素。例如，下列语句声明变量 m 并获取数组 score 中的第 4 个元素：

```
var m = score [3];
```

2.3 JavaScript 运算符

在编写 JavaScript 脚本代码的过程中，对目标数据进行运算操作需用到运算符。运算符用于将一个或者几个值变成结果值，使用运算符的值称为操作数，运算符与操作数的组合称为表达式。JavaScript 脚本语言支持多种运算符，下面分别予以介绍。

2.3.1 算术运算符

微课 2.3
JavaScript 运算符

算术运算符是很简单且经常用的运算符，可以使用它们进行通用的数学计算，如表 2-5 所示。

表 2-5　算术运算符

运算符	表达式	说明	示例
+	x+y	返回 x 加 y 的值	x=4+2，结果为 6
−	x−y	返回 x 减 y 的值	x=8−6，结果为 2
*	x*y	返回 x 乘以 y 的值	x=3*5，结果为 15
/	x/y	返回 x 除以 y 的值	x=6/3，结果为 2
%	x%y	返回 x 与 y 的模（x 除以 y 的余数）	x=8%3，结果为 2
++	x++、++x	返回数值后递增、递增并返回数值	y=1，x=y++，结果 x 为 1；y=1，x=++y，结果 x 为 2
--	x--、--x	返回数值后递减、递减并返回数值	y=1，x=y--，结果 x 为 1；y=1，x=--y，结果 x 为 0

这里需要注意的是：自加和自减运算符放置在操作数的前面和后面含义不同。运算符放置在操作数前面，则返回值为自加或自减前的值；而放置在后面，则返回值为自加或自减后的值。如下所示：

```
var x = 5, y = 0;
y = x++;                        //先执行 y=x，后执行 x=x+1
```

上述代码执行后，x 的值为 6，y 的值为 5。如果将代码改成前置形式，如下所示：

```
var x = 5, y = 0;
y = ++ x;                       //先执行 x=x+1，后执行 y=x
```

修改后的代码执行后，x 的值为 6，y 的值也为 6。

由上面的代码示例可以看出：

① 若自加（或自减）运算符放置在操作数之后，执行该自加（或自减）操作时，先将操作数的值赋值给运算符前面的变量，然后操作数进行自加（或自减）。

② 若自加（或自减）运算符放置在操作数之前，执行该自加（或自减）操作时，操作数先进行自加（或自减），然后将操作数的值赋值给运算符前面的变量。

JavaScript 脚本语言的运算符在参与数值运算时，其右侧的变量将保持不变。从本质上讲，运算符右侧的变量作为运算的参数而存在，脚本解释器执行指定的操作后，将运算结果作为返回值赋予运算符左侧的变量。赋值运算符 "=" 是编写 JavaScript 脚本代码时很常用的运算符，其作用是给一个变量赋值，即将某个数值指定给某个变量。赋值运算符可以和其他运算符组合使用，对变量中包含的值进行计算，然后用新值更新变量，表 2-6 中列出了一些常用的赋值运算符。

表 2-6　赋值运算符

运算符	说明	示例
=	将运算符右边变量的值赋给左边变量	m=n
+=	将运算符两侧变量的值相加并将结果赋给左边变量	m+=n
-=	将运算符两侧变量的值相减并将结果赋给左边变量	m-=n
*=	将运算符两侧变量的值相乘并将结果赋给左边变量	m*=n
/=	将运算符两侧变量的值相除并将整除的结果赋给左边变量	m/=n
%=	将运算符两侧变量的值相除并将余数赋给左边变量	m%=n

2.3.2　逻辑运算符

逻辑运算符通常用于执行布尔运算，JavaScript 语言的逻辑运算符包括&&、||和!等，用于两个逻辑数据之间的操作，返回值的数据类型为布尔型。表 2-7 列出了 JavaScript 支持的逻辑运算符。

表 2-7　逻辑运算符

运算符	表达式	说明	示例
&&	表达式 1&&表达式 2	若两边表达式的值都为 true，则返回 true；若任意一个值为 false，则返回 false	5>3&&5<6，返回 true；5>3&&5>6，返回 false
||	表达式 1||表达式 2	只有表达式的值都为 false 时，才返回 false，否则返回 true	5>3||5>6，返回 true；5>7||5>6，返回 false
!	！表达式	求反。若表达式的值为 true，则返回 false，否则返回 true	!(5>3)，返回 false；!(5>6)，返回 true

2.3.3　关系运算符

JavaScript 语言中用于比较两个操作数大小的运算符称为关系运算符，包括= =、!=、>、<、<=、>=等，其比较的结果是一个布尔型的值。当两个操作数满足关系运算符指定的关系时，表达式的值为 true，否则为 false。其具体作用见表 2-8。

表 2-8　关系运算符

运算符	说明	示例
==	相等，若两操作数相等，则返回布尔值 true，否则返回 false	8==8 返回 true
!=	不相等，若两操作数不相等，则返回布尔值 true，否则返回 false	8!=8 返回 false
>	大于，若左边操作数大于右边操作数，则返回布尔值 true，否则返回 false	9>8 返回 true
<	小于，若左边操作数小于右边操作数，则返回布尔值 true，否则返回 false	9<8 返回 false
>=	大于或等于，若左边操作数大于或等于右边操作数，则返回布尔值 true，否则返回 false	8>=8 返回 true
<=	小于或等于，若左边操作数小于或等于右边操作数，则返回布尔值 true，否则返回 false	9<=8 返回 false

2.3.4　位运算符

位运算符对操作数（要求是整型的操作数）按其在计算机内表示的二进制数逐位地进行逻辑运算或移位运算。运算完毕后，将结果转换成十进制数值。位运算符如表 2-9 所示。

表 2-9　位运算符

运算符	说明	示例
&	按位与，若两操作数对应位都是 1，则该位为 1，否则为 0	9&4 运算得 0
^	按位异或，若两操作数对应位相反，则该位为 1，否则为 0	9^4 运算得 13
|	按位或，若两操作数对应位都是 0，则该位为 0，否则为 1	9|4 运算得 13
~	按位非，若操作数对应位为 0，则该位为 1，否则为 0	~4 运算得–5
>>	算术右移，将左侧操作数的二进制值向左移动由右侧数值表示的位数，右边空位补 0	9>>2 运算得 2

续表

运算符	说明	示例
<<	算术左移，将左侧操作数的二进制值向右移动由右侧数值表示的位数，忽略被移出的位	9<<2 运算得 36
>>>	逻辑右移，将左侧操作数表示的二进制值向右移动由右侧数值表示的位数，忽略被移出的位，左侧空位补 0	9>>>2 运算得 2

位运算符的使用如下所示：

```
var a = 6;                    //二进制值 0000 0110b
var b = 36;                   //二进制值 0010 0100b
var result = 0;
result = a&b;                 //结果为二进制值 0000 0100b，对应的十进制值为 4
result = a^b;                 //结果为二进制值 0010 0010b，对应的十进制值为 34
result = a|b;                 //结果为二进制值 0010 0110b，对应的十进制值为 38
result = ~a;                  //结果为二进制值 1000 0111b，对应的十进制值为–7
var targetValue = 189;        //目标数据二进制值 1011 1101b
var iPos = 2;                 //目标数据移动的位数
result = targetValue>>iPos;   //结果为二进制值 0010 1111b，对应的十进制值为 47
result = targetValue<<iPos;   //结果为二进制值 10 1111 0100b，对应的十进制值为 756
result = targetValue>>>iPos;  //结果为二进制值 0010 1111b，对应的十进制值为 47
```

2.3.5　变量的解构赋值

ES6 允许按照一定模式，从数组和对象中提取值，对变量进行赋值，这被称为解构（Destructuring）。例如：

```
var [a, b, c] = [1, 2, 3];
```

上述代码等价于：

```
var a = 1;
var b = 2;
var c = 3;
```

表示从数组中提取值 1、2、3，分别按照对应位置对变量 a、b、c 进行赋值。解构赋值不仅适用于关键字 var，也适用于关键字 let 和 const。

如果等号左边的模式只匹配等号右边的数组中的一部分，解构依然是可以成功的，但是属于不完全解构，如下所示：

```
let [x, y] = [1, 2, 3];
```

其中 x 被赋值为 1，y 被赋值为 2。或者如下面的嵌套数组：

```
let [a, [b], c] = [1, [2, 3], 4];
```

其中 a 被赋值为 1，b 被赋值为 2，c 被赋值为 4。

如果解构不成功，变量的值就等于 undefined。例如：

```
var [x] = [];
```

上述代码由于解构不成功，x 的值就会等于 undefined。

解构不仅可以用于数组，还可以用于对象。对象的解构与数组的解构有一个重要的不同。

数组的元素是按次序排列的，变量的取值由它的位置决定；而对象的属性没有次序，变量必须与属性同名，才能取到正确的值。例如：

```
var { objA, objB } = { objA: "123", objB: "abc" };  //①
//①等价于 var { objA: objA, objB: objB } = { objA: "123", objB: "abc" };
var { objA, objB } = { objB: "abc", objA: "123" };  //②
var { objC } = { objA: "123", objB: "abc" };        //③
```

第①句中对象解构赋值的内部机制是先找到同名属性，然后将属性值赋给对应的变量。第②句中的等号左边的两个变量的次序，与等号右边两个同名属性的次序不一致，但是对取值完全没有影响。第③句中的变量没有对应的同名属性，导致取不到值，最后等于 undefined。

2.4 JavaScript 语句

表达式的作用只是生成并返回一个值，在 JavaScript 中还有很多种语句，通过这些语句可以控制程序代码的执行次序，从而可以完成比较复杂的程序操作。

2.4.1 选择语句

选择语句是 JavaScript 中的基本控制语句之一，其作用是让 JavaScript 根据条件选择执行哪些语句或不执行哪些语句。JavaScript 中的选择语句可以分为 if 语句和 switch...case 语句两种。

微课 2.4
JavaScript 语句

1. if 语句

if 语句是比较简单的一种选择语句，若给定的逻辑条件表达式为真，则执行一组给定的语句。其语法格式如下：

```
if(conditions) {
    statements;
}
```

逻辑条件表达式 conditions 必须放在圆括号中，且仅当该表达式为真时，才执行花括号内包含的语句，否则将跳过该 if 语句而执行其下的语句。花括号内的语句可为一条或多条，当仅有一条语句时，花括号可以省略。但一般而言，为养成良好的编程习惯，同时增强程序代码的结构化和可读性，建议使用花括号将指定执行的语句标注起来。

if 后面可增加 else 进行扩展，即组成 if...else 语句，其语法格式如下：

```
if(conditions) {
    statement1;
} else {
    statement2;
}
```

当逻辑条件表达式 conditions 运算结果为真时，执行 statement1 语句（或语句块），否则执行 statement2 语句（或语句块）。

当需要提供多重选择时，可以使用 if...else if...else 语句，其语法格式如下：

```
if(conditions1)
{
    statement1
}
else if(conditions2)
{
    statement2
}
else
{
    statement3
}
```

当逻辑条件表达式 conditions1 运算结果为真时，执行 statement1 语句（或语句块）；当逻辑条件表达式 conditions1 运算结果为假且逻辑条件表达式 conditions2 运算结果为真时，执行 statement2 语句（或语句块）；当 conditions1 逻辑条件表达式运算结果为假且逻辑条件表达式 conditions2 运算结果也为假时，执行 statement3 语句（或语句块）。

【案例 2-3】求一元二次方程 $ax^2+bx+c=0$ 的根。

```
<html>
  <head>
    <title>2-3 求一元二次方程 ax²+bx+c=0 的根 </title>
    <script type="text/javascript">
    var a,b,c,x1,x2;
    a = 1;
    b = 3;
    c = 2;
    if(a == 0){
       x1 = -c / b;
       x2 = x1;
       var str = "方程的解为: x=" + x1;
       console.log(str);
    }else if(b * b - 4 * a * c >= 0){
       x1=(-b + Math.sqrt(b * b - 4 * a * c)) / (2 * a);
       x2=(-b - Math.sqrt(b * b - 4 * a * c)) / (2 * a);
       var str = "方程的解为: x1= " + x1 + ", x2= " + x2;
       console.log(str);
    }else{
       console.log("该方程无解! ");
    }
    </script>
  </head>
  <body>
  </body>
</html>
```

上述代码用到了 Math.sqrt()方法来求平方根，程序输出结果为：

```
方程的解为: x1= -1, x2= -2
```

在 if...else 语句中可以添加任意多个 else if 子句以提供多种选择，但是使用多个 else if 子句经常会使代码变得非常烦琐。在多个条件中进行选择的更好方法是使用 switch...case 语句。

2. switch...case 语句

switch...case 语句提供了 if...else 语句的一个变通形式，其可以从多个语句块中选择其中一个执行。switch...case 语句提供的功能与 if...else 语句类似，但是可以使代码更加简练易读。switch...case 语句在其开始处使用一个简单的测试表达式，表达式的结果将与结构中每个 case 子句的值进行比较。如果匹配，则执行与该 case 子句关联的语句块。switch...case 语句语法格式如下：

```
switch(a)
{
  case a1:
    statement 1;
    [break;]
  case a2:
    statement 2;
    [break;]
  ...
  default:
    [statement n;]
}
```

其中 a 是数值型或字符型数据，将 a 的值与 a1、a2……进行比较，若 a 与其中某个值相等，则执行相应数据后面的语句（或语句块）。当遇到关键字 break 时，程序跳出 statement 语句（或语句块），并重新进行比较，若找不到与 a 相等的值，则执行关键字 default 下面的语句（或语句块）。

【案例 2-4】使用 switch...case 语句对学生成绩进行分级。

```
<html>
  <head>
    <title>2-4 使用 switch...case 语句对学生成绩进行分级</title>
    <script type="text/javascript">
      var score,flag;
      score = 85;
      flag = (score - score % 10) / 10;
      switch(flag)
      {
        case 10:
        case 9:
          console.log("成绩为优（90～100）");
          break;
        case 8:
          console.log("成绩为良（80～89）");
          break;
        case 7:
          console.log("成绩为一般（70～79）");
          break;
        case 6:
          console.log("成绩为及格（60～69）");
          break;
        default:
          console.log("成绩为不及格");
      }
    </script>
  </head>
  <body>
  </body>
</html>
```

程序输出结果为：

成绩为良（80～89）

需要注意 switch...case 语句只计算一次开始处的一个表达式，而 if...else 语句每个 else if 子句后面都有条件表达式，这些表达式可以各不相同。仅当每个 else if 子句计算的表达式都相同时，才可以使用 switch...case 语句代替 if...else 语句。

3．?...:运算符

在 JavaScript 脚本语言中，?...:运算符用于创建条件分支。在动作较为简单的情况下，?...:运算符较 if...else 语句更加简便，其语法格式如下：

```
(condition)?statementA:statementB;
```

载入上述语句后，首先判断逻辑条件表达式 condition，若结果为真则执行语句 statementA，否则执行语句 statementB。值得注意的是，由于 JavaScript 脚本解释器将"；"作为语句的结束符，statementA 和 statementB 语句均必须为单条语句，若使用多条语句会报错，例如，下列代码在浏览器中解释执行时得不到正确的结果：

```
(condition)?statementA:statementB;ststementC;
```

下述语句表示如果 x 的值大于 y 的值，则表达式的值为 1；当 x 的值小于或者等于 y 的值时，表达式的值为 0。

```
var flag = (x > y) ? 1 : 0;
```

可以看出，使用?...:运算符进行简单的条件分支，语法简单明了。但若要实现较为复杂的条件分支，推荐使用 if...else 语句或者 switch...case 语句。

2.4.2 循环语句

在编写程序的过程中，有时需要重复执行某个语句块，这时就会用到循环语句。JavaScript 中的循环语句包括 while 语句、do...while 语句、for 语句、for...in 语句、for...of 语句 5 种。

1．while 语句

while 语句属于基本循环语句，用于在指定条件为真时重复执行一组语句。while 语句的语法格式如下：

```
while(conditions)
{
  statements;
}
```

参数 conditions 表示逻辑条件表达式，statements 表示当条件为真时所要反复执行的循环体。while 语句在逻辑条件表达式为真的情况下，反复执行循环体内包含的语句（或语句块）。

【案例 2-5】使用 while 语句依次输出 10 以内的偶数。

```
<html>
  <head>
    <title>2-5 使用 while 语句依次输出 10 以内的偶数</title>
    <script type="text/javascript">
      var i = 0;
```

```
      while(i < 10){
      console.log(i);
      i += 2;
   }
   </script>
  </head>
 <body>
 </body>
</html>
```

代码运行结果为：

```
0  2  4  6  8
```

案例 2-5 中的 while 循环体执行了 5 次。需要注意的是，while 语句的循环变量 i 的赋值语句在循环体前，循环变量 i 的更新则放在循环体内。

在某些情况下，while 语句花括号内的 statements 语句（或语句块）可能一次也不被执行，因为对逻辑条件表达式的运算在执行 statements 语句（或语句块）之前。若逻辑条件表达式运算结果为假，则程序直接跳过循环，一次也不执行 statements 语句（或语句块）。

2．do…while 语句

do…while 语句类似于 while 语句，不同的是，while 语句是先判断逻辑条件表达式的值是否为真，再决定是否执行循环体中的语句。而 do…while 语句是先执行循环体中的语句之后，再判断逻辑条件表达式的值是否为真，如果为真则重复执行循环体中的语句。do…while 语句的语法格式如下：

```
do {
    statements;
}while(condition);
```

do…while 语句中各参数定义与 while 语句相同。若希望至少执行一次 statements 语句（或语句块），就可用 do…while 语句。

下面将通过案例 2-6 帮助读者区分 do…while 语句和 while 语句的用法。

【案例 2-6】使用 while 语句和 do…while 语句。

```
<html>
  <head>
    <title>2-6 使用 while 语句和 do...while 语句</title>
    <script type="text/javascript">
    var i = 1,j = 1,m = 0,n = 0;
    while(i < 1){
      m = m + 1;
      i++;
    }
    console.log("while 语句循环执行了" + m + "次");
    do{
      n = n + 1;
      j++;
    }while(j < 1);
    console.log("do...while 语句循环执行了" + n + "次")
    </script>
  </head>
```

```
    <body>
    </body>
</html>
```

代码运行结果为：

```
while 语句循环执行了 0 次
do...while 语句循环执行了 1 次
```

在案例 2-6 中，变量 i、j 的初始值都为 1，do...while 语句与 while 语句的循环条件都是小于 1。但是由于 do...while 语句是先执行循环体中的语句（或语句块）再进行逻辑条件表达式的判断，这样即使逻辑条件表达式的结果为假，但是循环体中的语句（或语句块）还是执行了一次。

3. for 语句

for 语句也类似于 while 语句，但使用起来更为方便。for 语句按照指定的循环次数，循环执行循环体内语句（或语句块），它提供的是一种常用的循环模式，即初始化变量、判断逻辑条件表达式和改变变量值。for 语句的语法格式如下：

```
for(initialization; condition; loop-update)
{
    statements;
}
```

循环控制代码（即圆括号内代码）内各参数的含义如下。

① initialization 表示循环变量初始化语句。

② condition 为控制循环结束与否的逻辑条件表达式，程序每执行完一次循环体内的语句（或语句块），均要判断该表达式是否为真。若为真，则继续执行下一次循环体内的语句（或语句块）；若为假，则跳出循环体。

③ loop-update 指更新循环变量的语句，程序每执行完一次循环体内的语句（或语句块），均需要更新循环变量。

上述循环控制代码内的参数之间使用"；"间隔。循环变量初始化语句、逻辑条件表达式和循环变量更新语句都可以存在，也可以省略，但是"；"不可以省略。

【案例 2-7】使用 for 语句求一个数的阶乘。

```
<html>
  <head>
    <title>2-7 使用 for 语句求一个数的阶乘</title>
    <script type="text/javascript">
      var i = 1, n = 5, sum = 1;
      for(i = 1; i <= n; i++){
        sum *= i;
      }
      console.log(n + "的阶乘是" + sum);
    </script>
  </head>
  <body>
  </body>
</html>
```

代码运行结果为：

```
5 的阶乘是 120
```

案例 2-7 中，for 语句的执行过程如下。

① 执行 "i=1" 初始化循环变量。

② 判断逻辑条件表达式 "i<=n" 是否为真，如果为真就执行步骤③；如果为假则结束 for 语句。

③ 执行循环体中的语句。

④ 执行 "i++" 语句，更新循环变量。

⑤ 重复执行步骤②。

4．for...in 语句

使用 for...in 语句可以遍历数组或者对指定对象的属性和方法进行遍历，其语法格式如下：

```
for (变量名 in 对象名)
{
    statements;
}
```

下面给出一个使用 for...in 语句的具体案例。

【案例 2-8】使用 for...in 语句遍历数组。

```html
<html>
  <head>
    <title>2-8 使用 for...in 语句遍历数组</title>
    <script type="text/javascript">
      var mycars = ["Audi", "Volvo", "BMW"];
      for(var k in mycars) {
        console.log(mycars[k]);
      }
    </script>
  </head>
  <body>
  </body>
</html>
```

代码运行结果为：

```
Audi
Volvo
BMW
```

5．for...of 语句

上面提到的 for...in 语句，只能获得对象的键名（即索引），不能直接获取键值。ES6 提供 for...of 语句，允许通过遍历获得键值。例如，使用 for...in 来遍历数组取得的是键名，代码如下：

```
var arr = ["a", "b", "c", "d"];
for (var a in arr)
{ console.log(a); }
```

上述代码输出的结果为：0、1、2、3。

如果改成用 for...of 来遍历数组，代码如下：

```
for (var a of arr)
{ console.log(a); }
```

则遍历得到的是键值：a、b、c、d。

for...of 语句遍历对象和 for...in 语句是一样的用法。

【案例 2-9】使用 for...of 语句遍历对象。

```html
<html>
  <head>
    <meta http-equiv="Content-Type" content="text/html; charset=utf-8" />
    <title>2-9 使用 for…of 语句遍历对象</title>
    <script src="traceur.js" type="text/javascript"></script>
    <script src="bootstrap.js" type="text/javascript"></script>
    <script type="module">
    var arr = ["one", "two", "three"];
    for(let s in arr){
      console.log(s);
    }
    for(let s of arr){
      console.log(s);
    }
    </script>
  </head>
  <body>
  </body>
</html>
```

代码运行结果为：

```
0
1
2
one
two
three
```

2.4.3 跳转语句

所谓跳转语句，就是在循环语句的循环体中的指定位置或是满足一定条件的情况下直接退出循环。JavaScript 跳转语句分为 break 语句和 continue 语句。

1．break 语句

使用 break 语句可以无条件地从当前执行的循环语句或者 switch...case 语句的语句块中中断并退出，其语法格式如下：

```
break;
```

由于它是用来退出循环或者 switch...case 语句的，因此只有当它出现在这些语句中时，这种形式的 break 语句才是合法的。

【案例 2-10】使用 break 语句。

```html
<html>
  <head>
    <title>2-10 使用 break 语句</title>
    <script type="text/javascript">
      for(var i = 1; i <= 5; i++){
```

```
         if(i == 3)  break;
         console.log(i);
      }
    </script>
  </head>
  <body>
  </body>
</html>
```

代码运行结果为:

```
1   2
```

上述代码中,for 语句在变量 i 为 1、2 时执行循环体,当 i 为 3 时,if 语句中的逻辑条件表达式为真,执行 break 语句,终止 for 语句。这时程序将跳出 for 语句而不再执行下面的循环体。如果未使用 break 语句,程序将执行 for 语句中的循环体,直到变量 i 的值不满足条件"i<=5"。

注意:在嵌套的循环语句中使用 break 语句时,break 语句只能跳出最近的一层循环,而不是跳出所有的循环。

2. continue 语句

continue 语句的工作方式与 break 语句类似,但是其作用不同。continue 语句是只跳出本次循环而立即进入下一次循环;break 语句则是跳出循环后结束整个循环。

案例 2-11 将案例 2-10 中的 break 语句换成 continue 语句,看看输出结果有什么不同。

【案例 2-11】使用 continue 语句。

```
<html>
  <head>
    <title>2-11 使用 continue 语句</title>
    <script type="text/javascript">
      for(var i = 1; i <= 5; i++){
        if(i == 3)  continue;
        console.log(i);
      }
    </script>
  </head>
  <body>
  </body>
</html>
```

代码运行结果为:

```
1   2   4   5
```

在修改后的代码的执行中,for 语句中的循环体在 i 等于 1、2、3、5 时都执行了,但是输出结果中却没有 3。当 i 为 3 时,if 语句中的逻辑条件表达式为真,执行 continue 语句,跳过循环体后面的语句,继续执行下一次循环,所以 3 没有被输出。

2.4.4 异常处理语句

在代码的运行过程中一般会发生两种错误:一种是程序内部的逻辑或者语法错误;另一种是运行环境或者用户输入中不可预知的数据造成的错误。JavaScript 可以捕获异常并进行相应的处理，通常用到的异常处理语句包括 throw（抛出）和 try…catch…finally 语句两种。

1. throw 语句

throw 语句的作用是抛出一个异常。所谓抛出异常，就是用信号通知出现了异常情况或错误。throw 语句的语法格式如下所示：

```
throw  表达式；
```

以上代码中的表达式，可以是任何类型的表达式。该表达式通常是一个 Error 对象或 Error 对象的某个实例。可以通过 new Error(message)来创建这个对象，异常的描述被作为 Error 对象的一个属性 message，可以由构造函数传入，也可以在之后赋值。通过这个异常描述，可以让程序获取异常的详细信息，从而自动处理。

2. try…catch…finally 语句

try…catch…finally 语句是 JavaScript 中的用于处理异常的语句，该语句与 throw 语句不同。throw 语句只是抛出一个异常，但对该异常并不进行处理，而 try…catch…finally 语句可以处理所抛出的异常，其语法格式如下所示：

```
try{
    //语句块 1：要执行的代码
}catch(e){
    //语句块 2：处理异常的代码
}finally{
    //语句块 3：无论异常发生与否，都会执行的代码
}
```

语法格式说明如下。

① 语句块 1 是有可能要抛出异常的语句块。

② catch(e)中的 e 是一个变量，该变量为从 try 语句块中抛出的 Error 对象或其他值。

③ 语句块 2 是处理异常的语句块。如果在语句块 1 中没有抛出异常，则不执行该语句块中的代码。

④ 无论在语句块 1 中是否抛出异常，JavaScript 都会执行语句块 3 中的代码。但是语句块 3 中的代码与 finally 关键字可以一起省略。

【案例 2-12】两个数据相除的异常处理。

```
<html>
  <head>
    <title>2-12 两个数据相除的异常处理</title>
    <script type="text/javascript">
    function myFun(x , y) {
      var z;
      try{
        if(y == 0) {
          throw new Error("除数不能为 0");
        }
        z = x / y;
      }catch(e) {
        z = e.message;
      }
```

```
            return z;
        }
        console.log(myFun(1 , 0));
    </script>
  </head>
  <body>
  </body>
</html>
```

代码运行结果为：

除数不能为 0

在案例 2-12 中，创建了一个名为 myFun 的函数，该函数的作用是将两个参数相除，并返回结果，如果在相除时产生异常，则返回错误信息。当用 1 除以 0 时，throw 语句抛出异常，catch 语句接收由 throw 语句抛出的异常，并进行处理。

2.5　JavaScript 函数

JavaScript 脚本语言允许开发者通过编写函数的方式组合一些可重复使用的脚本代码块，增强了脚本代码的结构化和模块化。函数可通过参数接口进行数据传递，以实现特定的功能。

微课 2.5
JavaScript 函数

2.5.1　函数的创建与调用

函数由函数定义和函数调用两部分组成，应首先定义函数，然后进行调用，以养成良好的编程习惯。

函数的定义应使用关键字 function，其语法格式如下：

```
function funcName ([parameters])
{
    statements;
    [return 表达式;]
}
```

定义函数时函数的各部分含义如下。

① funcName 为函数名，函数名可由开发者自行定义，与变量的命名规则基本相同。

② parameters 为函数的参数列表，在调用目标函数时，需将实际数据传递给参数列表以完成函数特定的功能。参数列表中可定义一个或多个参数，各参数之间加 "，" 分隔，当然，参数列表也可为空。

③ statements 是函数体，规定了函数的功能，本质上相当于一个脚本程序。

④ return 指定函数的返回值，为可选参数。

自定义函数一般放置在 HTML 文档的 head 标签之间。除自定义函数外，JavaScript 脚本语言提供了大量的内置函数，无须开发者定义即可直接调用，例如，window 对象的 alert() 方法就是 JavaScript 脚本语言支持的内置函数。

函数定义完成后，可在文档中任意位置调用该函数。调用目标函数时，只需在函数名后加上圆括号。若目标函数需引入参数，则需在圆括号内添加传递参数。如果函数有返回值，可将最终结果赋值给一个自定义的变量并用关键字 return 返回。

【案例 2-13】函数调用实例。

```html
<html>
  <head>
    <title>2-13 函数调用实例</title>
    <script type="text/javascript">
      function test(){
        console.log("无返回值的函数调用！");
        var str = "123456";
      }
      function add(x,y) {
        console.log("有返回值的函数调用！");
        var z = x + y;
        return z;
      }
      test();
      var a = 10, b = 20;
      var c = add(a,b);
      console.log(a + "+" + b + "=" + c);
    </script>
  </head>
  <body>
  </body>
</html>
```

代码运行结果为：

```
无返回值的函数调用！
有返回值的函数调用！
10+20=30
```

在本例中，定义了两个函数，一个是没有参数也没有返回值的函数 test()，另一个是带两个参数并且有返回值的函数 add()。调用时，函数 test()直接用函数名加上圆括号成为调用语句；而函数 add()需要将函数的返回值赋给变量 c，再输出结果。

2.5.2　函数的参数

与其他程序设计语言不同，JavaScript 不会验证传递给函数的参数个数是否等于函数定义的参数个数。如果传递的参数个数与函数定义的参数个数不同，则函数执行起来往往可能产生一些意想不到的错误。开发者定义的函数可以接收任意个参数（根据 Netscape 的文档，最多能接收 25 个）而不会引发错误，任何遗漏的参数都会以 undefined 形式传递给函数，多余的参数将被忽略。为了避免产生错误，开发者应该让传递的参数个数与函数定义的参数个数相同。

1. 使用 arguments 对象判断参数个数

JavaScript 中提供了一个 arguments 对象，该对象可以获取从 JavaScript 代码中传递过来的参数，并将这些参数存放在 arguments 数组中，因此可以通过 arguments 对象的属性 arguments.length 来判断传递过来的参数的个数，由于 arguments 对象为数组，因此通过 arguments[i] 可以获得实际传递的参数的值。

【案例 2-14】判断函数的参数个数。

```html
<html>
  <head>
    <title>2-14 判断函数的参数个数</title>
    <script  type="text/javascript">
    function add(x,y) {
      if(arguments.length != 2) {
        var str = "传递的参数个数有误，一共传递了" +
          arguments.length + "个参数，如下所示。\n";
        for(var i = 0; i < arguments.length; i++){
          str += "第" + (i+1) + "个参数的值为: " + arguments[i] + "\n";
        }
        return str;
      }else{
        var z = x + y;
        return z;
      }
    }
    console.log("add(2,4,6): " + add(2,4,6) + "\n");        //①
    console.log("add(2): " + add(2) + "\n");                //②
    console.log("add(2,4): " + add(2,4) + "\n");            //③
    </script>
  </head>
  <body>
  </body>
</html>
```

代码运行结果为：

```
add(2,4,6): 传递的参数个数有误，一共传递了 3 个参数，如下所示。
第 1 个参数的值为: 2
第 2 个参数的值为: 4
第 3 个参数的值为: 6
add(2): 传递的参数个数有误，一共传递了 1 个参数，如下所示。
第 1 个参数的值为: 2
add(2,4): 6
```

在本例中，调用语句①传递了 3 个参数，此时函数 add() 会将参数 x 的值赋为 2，将参数 y 的值赋为 4，并将传递过来的第 3 个参数值 6 忽略掉。但是函数 add() 中的 arguments 对象可以完全接收传递过来的 3 个参数，因此 arguments.length 为 3，arguments[0] 的值为 2，arguments[1] 的值为 4，arguments[2] 的值为 6。程序执行错误处理代码，并输出错误信息。

调用语句②只传递了一个参数，此时函数 add() 会将参数 x 的值赋为 2，而参数 y 的值保持为初始值，即 undefined。arguments.length 为 1，arguments[0] 的值为 2。程序执行错误处理代码，并输出错误信息。

调用语句③传递了两个参数，此时函数 add() 会将参数 x 的值赋为 2，将参数 y 的值赋为 4。arguments.length 为 2，arguments[0]的值为 2，arguments[1]的值为 4，程序不会执行错误处理代码，而会直接返回结果 6。

2．使用 typeof 运算符检测参数类型

由于 JavaScript 是一种无类型的语言，因此在定义函数时，不需要为函数的参数指定数据类型。事实上，JavaScript 也不会去检测传递过来的参数的类型是否符合函数的需要。如果一个函数对参数的要求很严格，那么可以在函数体内使用 typeof 运算符来检测传递过来的参数是否符合要求。

【案例 2-15】判断函数的参数的类型。

```html
<html>
  <head>
    <title>2-15 判断函数的参数的类型</title>
    <script type="text/javascript">
      function myFun(a,b) {
        if(typeof(a) == "number" && typeof(b) == "number"){
          var c = a * b;
          return c;
        }else{
          return "传递的参数不正确，请使用数值型的参数！";
        }
      }
      console.log(myFun(2,4));
      console.log(myFun(2,"s"));
    </script>
  </head>
  <body>
  </body>
</html>
```

代码运行结果为：
```
8
传递的参数不正确，请使用数值型的参数！
```

本例中使用 typeof 运算符判断传递过来的参数的类型，如果都是数值型，则返回两个参数之积，否则返回错误信息。

3．参数的默认值

ES6 允许为函数的参数设置默认值，即直接将值写在参数定义的后面，如下所示。

【案例 2-16】函数参数的默认值设置。

```html
<html>
  <head>
    <title>2-16 函数参数的默认值设置</title>
    <script type="text/javascript">
      function hi(x,y = 'World') {
              console.log(x,y);
      }
      hi('Hello');
```

```
        hi('Hello', 'JavaScript');
        hi('Hello', '');
    </script>
  </head>
  <body>
  </body>
</html>
```

代码运行结果为：

```
Hello World
Hello JavaScript
Hello
```

参数默认值可以与解构赋值的默认值结合起来使用。

【案例 2-17】函数参数的默认值与解构赋值结合。

```
<html>
  <head>
    <title>2-17 函数参数的默认值与解构赋值结合</title>
    <script type="text/javascript">
        function test({x,y = 2}){
            console.log(x,y);
        }
        test({});
        test({x:1});
        test({x:1,y:3});
        test();
    </script>
  </head>
  <body>
  </body>
</html>
```

代码运行结果为：

```
undefined  2
1 2
1 3
TypeError: 无法获取未定义或 null 引用的属性 "x"
```

上面的代码使用了对象的解构赋值默认值，而没有使用函数参数的默认值。只有当函数 test()的参数是一个对象时，变量 x 和 y 才会通过解构赋值而生成。如果参数对象没有 y 属性，y 的默认值 2 就会生效。如果调用函数 test()时参数不是对象，变量 x 和 y 就不会生成，从而报错。

4．rest 参数

ES6 引入 rest 参数（形式为"...变量名"）用于获取函数的多余参数，这样就不需要使用 arguments 对象了。rest 参数搭配的变量是一个数组，该变量将多余的参数放入数组中。

【案例 2-18】使用 rest 参数。

```
<html>
  <head>
    <title>2-18 使用 rest 参数</title>
    <script type="text/javascript">
```

```
                    function getSum(...args) {
                            let s = 0;
                            for(let k of args)
                            { s += k; }
                            return s;
                    }
                    var sum = getSum(1,3,5);
                    console.log(sum);
        </script>
    </head>
    <body>
    </body>
</html>
```

代码运行结果为：

```
9
```

上面代码中的函数 getSum()是一个求和函数，利用 rest 参数，可以向该函数传入任意数目的参数。

rest 参数不仅可以用于函数定义，还可以用于函数调用。

【案例 2-19】使用 rest 参数进行函数调用。

```
<html>
    <head>
        <title>2-19 使用 rest 参数进行函数调用</title>
        <script type="text/javascript">
                function str(s1,s2,s3,s4,s5) {
                    console.log(s1 + s2 + s3 + s4 + s5);
                }
                var arr = ["b","c","d","e"];
                str("a", ...arr);
        </script>
    </head>
    <body>
    </body>
</html>
```

代码运行结果为：

```
abcde
```

2.5.3 函数的属性与方法

在 JavaScript 中，函数也是一个对象。既然函数是对象，那么函数也拥有自己的属性与方法。

1. length 属性

函数的 length 属性与 arguments 对象的 length 属性不一样，arguments 对象的 length 属性可以获得传递给函数的实际参数的个数，而函数的 length 属性可以获得函数定义的参数个数。同时，arguments 对象的 length 属性只能在函数体内使用，而函数的 length 属性可以在函数体之外使用。

【案例 2-20】函数的 length 属性与 arguments 对象的 length 属性的区别。

```html
<html>
  <head>
    <title>2-20 函数的 length 属性与 arguments 对象的 length 属性的区别</title>
    <script type="text/javascript">
      function add(x,y) {
        if(add.length != arguments.length) {
          return "传递过来的参数个数与函数定义的参数个数不一致！";
        }else{
          var z = x + y;
          return z;
        }
      }
      console.log("函数 add()的 length 值为: " + add.length);
      console.log("add(3,4): " + add(3,4));
      console.log("add(3,4,5): " + add(3,4,5));
    </script>
  </head>
  <body>
  </body>
</html>
```

代码运行结果为:

```
函数 add()的 length 值为: 2
add(3,4): 7
add(3,4,5): 传递过来的参数个数与函数定义的参数个数不一致！
```

本例中定义了一个名为 add 的函数，该函数的作用是返回两个参数的和。代码中有两次用到了函数 add()的 length 属性。一次是在函数 add()体内，在返回两个参数之和之前，先判断传递过来的参数个数与函数定义的参数个数是否相同，如果不同则返回错误信息；另一次是在函数体之外，直接输出函数 add()的 length 属性值。

2. call()方法和 apply()方法

在 JavaScript 中，每个函数都有 call()方法和 apply()方法，使用这两个方法可以像调用其他对象的方法一样来调用某个函数，它们的作用都是将函数绑定到另外一个对象上去运行，两者仅在定义参数的方式上有所区别。

call()方法的语法格式如下:

```
函数名.call(对象名，参数 1，参数 2，…)
```

apply()方法的语法格式如下:

```
函数名.apply(对象名，数组)
```

由上可以看出，两个方法的区别是: call()方法直接将参数列表放在对象名之后，而 apply()方法却是将参数列表放在数组里，并将数组放在对象名之后。

在下面的代码中，第一行定义了一个对象，第二行定义了一个数组，第三行使用 call()方法来调用函数 myFun()，第四行使用了 apply()方法来调用函数 myFun()。

```
var myObj = new Object();
var arr = [1,3,5];
```

47

```
myFun.call(myObj,1,2,3);
myFun.apply(myObj,arr);
```

其中 apply()方法要求第二个参数为数组，JavaScript 会自动将数组中的元素值作为参数
列表传递给函数 myFun()，也可以将数组作为参数直接放在 apply()方法内，如下所示：

```
myFun.apply(myObj,[2,4,6]);
```

【案例 2-21】函数的 call()方法和 apply()方法的使用。

```html
<html>
  <head>
    <title>2-21 函数的 call()方法和 apply()方法的使用</title>
    <script type="text/javascript">
      function getSum(){
        var sum = 0;
        for(var i = 0; i < arguments.length; i++){
          sum += arguments[i];
        }
        return sum;
      }
      var myObj = new Object();
      var arr = [1,3,5];
      console.log("sum1=" + getSum.call(myObj,2,4,6));
      console.log("sum2=" + getSum.apply(myObj,arr));
    </script>
  </head>
  <body>
  </body>
</html>
```

代码运行结果为：

```
sum1=12
sum2=9
```

2.5.4 遍历器

遍历器（Iterator）是一种接口，为各种不同的数据结构提供统一的访问机制。任何数据
结构只要部署遍历器接口，就可以完成遍历操作（即依次处理该数据结构的所有成员）。

遍历器的遍历过程如下。

① 创建一个遍历器对象，指向当前数据结构的起始位置。

② 调用遍历器对象的 next()方法，将遍历器指向数据结构的下一个成员。每次调用 next()
方法，都会返回数据结构的当前成员的信息，也就是返回一个包含 value 和 done 两个属性的对
象。其中，value 属性是当前成员的值，done 属性是一个布尔值，表示遍历是否结束。

③ 不断调用遍历器对象的 next()方法，直到它指向数据结构的结束位置。

【案例 2-22】使用遍历器模拟 next()方法返回值。

```html
<html>
  <head>
    <title>2-22 使用遍历器模拟 next()方法返回值</title>
    <script type="text/javascript">
```

```
      function makeIterator(array) {
        var nextIndex = 0;
        return {
          next: function()
          {
            return nextIndex < array.length ?
            {value: array[nextIndex++], done: false} :
            {value: undefined, done: true};
          }
        }
      }
      var it = makeIterator(['a', 'b']);
      console.log(it.next().value);
      console.log(it.next().value);
      console.log(it.next().done);
    </script>
  </head>
  <body>
  </body>
</html>
```

代码运行结果为:

```
'a'
'b'
true
```

2.5.5　Generator 函数

Generator 函数是 ES6 提供的一种异步编程解决方案,可以把它理解成是一个状态机,封装了多个内部状态。执行 Generator 函数会返回一个遍历器对象,即 Generator 函数除了是一个状态机,还是一个遍历器对象生成函数。

形式上,Generator 函数是一个普通函数,但是需要在 function 关键字与函数名之间加一个星号("*"),并且在函数体内部使用 yield 语句,定义遍历器的每个成员(不同的内部状态)。Generator 函数的调用方法与普通函数一样,也是在函数名后面加上一对圆括号。不同的是,Generator 函数是分段执行的,yield 语句是暂停执行的标记。

调用 Generator 函数后,该函数并不执行,返回的也不是函数运行结果,而是一个指向内部状态的指针对象,即遍历器对象。Generator 函数其实是使用 yield 语句暂停执行后面的操作,当每次调用遍历器对象的 next()方法时再继续执行,使得内部指针移向下一个状态,也就是从函数头部或上一次停下来的地方开始执行,直到遇到下一个 yield 语句(或 return 语句)为止,并返回该 yield 语句的值,直到运行结束。

yield 语句类似于 return 语句,都能返回一个值。一般函数里使用 return 语句执行一次返回一个值,而 Generator 函数可以执行多次 yield 语句返回一系列的值。

【案例 2-23】Generator 函数。

```
<html>
  <head>
```

49

```
      <title>2-23Generator 函数</title>
      <script type="text/javascript">
        function* tryGenerator(){
          yield 'abc';
          yield '123';
          return 'over';
        }
        var tg = tryGenerator();
        console.log(tg.next());
        console.log(tg.next());
        console.log(tg.next());
        console.log(tg.next());
      </script>
   </head>
   <body>
   </body>
</html>
```

代码运行结果为：

```
Object { value='abc',  done=false}
Object { value='123',  done=false}
Object { value='over',  done=true}
Object { done=true,  value=undefined}
```

上面的代码定义了一个 Generator 函数 tryGenerator()，它内部有两个 yield 语句，还有一个 return 语句表示结束执行。每次调用遍历器对象的 next()方法，就会返回一个有 value 和 done 两个属性的对象。value 属性表示当前的内部状态的值，即 yield 语句后面的表达式的值；done 属性是一个布尔值，表示是否遍历结束。

for...of 语句可以自动遍历 Generator 函数，且此时不再需要调用 next()方法。

【案例 2-24】for...of 语句自动遍历 Generator 函数。

```
<html>
  <head>
    <title>2-24for...of 语句自动遍历 Generator 函数</title>
    <script type="text/javascript">
      function* number(){
          yield 1;
          yield 2;
          yield 3;
          return 4;
      }
      for(var n of number()){
          console.log(n);
      }
    </script>
  </head>
  <body>
  </body>
</html>
```

代码运行结果为：

```
1
2
3
```

上面的代码使用 for...of 语句，依次显示 3 个 yield 语句的值。这里需要注意，一旦 next()

方法的返回对象的 done 属性为 true，for...of 语句就会中止，且不包含该返回对象，所以上面代码的 return 语句返回的 4，不包括在 for...of 语句运行结果之中。

【案例 2-25】利用 Generator 函数和 for...of 语句实现斐波那契数列。

```html
<html>
  <head>
    <title>2-25 利用 Generator 函数和 for...of 语句实现斐波那契数列</title>
    <script type="text/javascript">
      function* fib(){
        var [prev, curr] = [0, 1];
        for (;;){
          [prev, curr] = [curr, prev + curr];
          yield curr;
        }
      }
      for (var  n of fib()){
        if (n > 10)    break;
        console.log(n);
      }
    </script>
  </head>
  <body>
  </body>
</html>
```

代码运行结果为：

```
1
1
2
3
5
8
```

上面的代码因为使用了 for...of 语句，所以就不需要使用 next()方法。

2.5.6 匿名函数

匿名函数是指没有名字的函数，在实际开发中使用频率非常高。例如：

```
function (){
  console.log("hello");
}
```

上面的代码就是一个匿名函数。如果单独运行上面的代码会报错，因为单独运行一个匿名函数不符合语法要求。匿名函数一般用于下面的一些场景。

1. 事件处理

```
<button id="btn">单击</button>
<script>
  var btn = document.querySelector("#btn");
  //给按钮增加单击事件
  btn.onclick = function(){
    console.log("当单击按钮时会执行匿名函数");
```

```
  }
</script>
```

上面的代码在单击按钮时执行了一个匿名函数，输出对应的内容。

2．对象方法

```
var obj = {
  name: "张三",
  //给 obj 对象添加 info()方法
  info: function(){
    return "hello, " + this.name;
  }
};
console.log(obj.info());//hello，张三
```

上面的代码在定义对象 obj 的 info()方法时使用了一个匿名函数。

3．函数表达式

```
var fn = function(){
  return "我是匿名函数表达式"
}
console.log(fn());//我是匿名函数表达式
```

上面的代码中，将匿名函数赋值给变量 fn，即 fn 成为一个函数，调用 fn()时会返回对应的值。

除了上面的几种场景，匿名函数还常用于编写回调函数、立即调用函数表达式等，2.5.7 小节和 2.5.9 小节将会介绍。

2.5.7　回调函数

回调函数指的是一个函数 A 作为参数传递给另一个函数 B，然后在 B 的函数体内调用函数 A，这里的 A 称为回调函数。其中，匿名函数常用作函数的参数传递以实现回调函数。例如：

```
setInterval(function(){
  console.log("我是一个回调函数，每隔 3s 会被执行一次");
},3000);
```

上面的代码中，setInterval()方法的第一个参数是一个匿名函数，也是一个回调函数，它作为参数传递给 setInterval()方法，每隔 3s 执行一次。

又例如：

```
function addSqua(num, callback){
  var sum = num + 5;
  return callback(sum);
}
let num = addSqua(3, function squa(num){
  return num * num;
});
console.log(num); //64
```

上面的代码中，函数 addSqua()的第二个参数是一个回调函数。当调用函数 addSqua()时，

传入了第一个参数 3，先计算 3 + 5 得到 8，然后将 8 作为参数传递给回调函数 squa()，执行 8 * 8，计算并返回值 64。

2.5.8　箭头函数

在 JavaScript 中，函数可以用箭头 "=>" 来定义，称之为箭头函数，有时候也称之为 lambda 表达式（lambda Expression）。lambda 表达式基于数学中的 λ 演算得名，直接对应于其中的 lambda 抽象（lambda Abstraction）。箭头函数是一个匿名函数，其语法比函数表达式更简洁，相比函数表达式，箭头函数没有自己的 this、arguments、super 或 new.target。箭头函数更适用于那些需要匿名函数的地方，并且它不能用作构造函数。箭头函数相关知识如下。

1. 基础语法

```
//多个参数
(param1, param2, …, paramN) => { statements }
//只有一个参数
(singleParam) => { statements }
//当只有一个参数时，圆括号可以省略
singleParam => { statements }
//函数体只有一条 return 语句
(param1, param2, …, paramN) => { return expression; }
//当函数体只有一条 return 语句时，可以省略 return 关键字和函数体的花括号
(param1, param2, …, paramN) => expression
//没有参数的函数必须写一对圆括号
() => { statements }
```

2. 高级语法

```
//加圆括号的函数体返回对象字面量表达式
params => ({foo: bar})
//支持剩余参数和默认参数
(param1, param2, …rest) => { statements }
(param1 = defaultValue1, param2, …, paramN = defaultValueN) => {
  statements
}
//支持参数列表解构
let f = ([a, b] = [1, 2], {x: c} = {x: a + b}) => a + b + c;
f();  // 6
```

3. 箭头函数不绑定 this

在普通函数中，this 总是指向调用它的对象，如果是构造函数，this 指向创建的对象实例。箭头函数本身没有 this，但是它在声明时可以捕获其所在上下文的 this。例如：

```
var msg = "hello";
let func = () => {
  console.log(this.msg);
};
func();//hello
```

在上面的代码中，箭头函数在全局作用域声明，所以它捕获全局作用域中的 this，

this.msg 即得到全局作用域中的 msg 的值"hello"。

4．箭头函数不会暴露 arguments 对象

普通函数调用后都具有一个 arguments 对象存储实际传递的参数，但是箭头函数没有这个对象。在大多数情况下，可以使用 rest 参数来代替 arguments 对象。例如：

```
function A(a) {
    console.log(arguments);
}
A(1,2,3);    //[1,2,3]

let B = (b) => {
    console.log(arguments);
}
B(1,2,3);     //报错 "Uncaught ReferenceError: arguments is not defined"

let C= (…c) => {
    console.log(c);
}
C(1,2,3);    //[1, 2, 3]
```

2.5.9 IIFE

在 JavaScript 中，IIFE（Immediately Invoked Function Expression，立即调用函数表达式）是一个在定义时就会立即执行的函数，即函数定义变成了一个函数调用语句。在定义函数时，将整个定义语句放到一个圆括号中，并且在该圆括号的后面再加一对圆括号，这个函数定义就可以成为函数调用语句。代码如下：

```
(function () {
    statements
})();
```

这是一个自执行匿名函数的设计模式，主要包含两部分。第一个部分是在圆括号里的一个匿名函数，这个匿名函数拥有独立的静态作用域（即定义时的作用域）。第二个部分是匿名函数外的圆括号，其创建了一个 IIFE。例如下面的代码：

```
(function () {
    var msg = "hello";
})();
console.log(msg); //报错 "Uncaught ReferenceError: msg is not defined"
```

上面的代码中，第一个圆括号里的匿名函数变成了 IIFE，表达式中的变量 msg 的作用域在它所在的括号内，因此当在外部访问 msg 时会报错。

另外，当将 IIFE 分配给一个变量时，存储的不是 IIFE 本身，而是 IIFE 执行后返回的结果。例如：

```
var result = (function () {
    var msg = "hello";
    return msg;
})();
console.log(result); //输出 hello
```

在上面的代码中，将 IIFE 赋值给变量 result，实际是将 IIFE 的返回结果 msg 的值 "hello" 赋值给它，所以当输出 result 时得到的是 hello。

2.5.10 闭包

JavaScript 的作用域以函数为界，不同的函数拥有相对独立的作用域。函数内部可以声明和访问全局变量，也可以声明局部变量（使用关键字 var，函数的参数也是局部变量），但函数外部无法访问内部的局部变量，如下所示：

```
function test(){
    var a = 0;          //局部变量
    b = 1;              //全局变量
}
console.log(a);         //a 为 undefined
console.log(b);         //b 为 1
```

全局变量的作用域是全局的，在 JavaScript 中处处有定义；而函数内部声明的变量是局部变量，其作用域是局部性的，只在函数内部有定义。如下面代码的输出结果所示：

```
var scope = "global";
function checkScope(){
    var scope = "local";
    console.log(scope);
}
checkScope();           //输出 local
console.log(scope);     //输出 global
```

ES5.1 只有全局作用域和局部作用域，没有块级作用域，ES6 中新增的关键字 let 实际上为 JavaScript 新增了块级作用域。例如：

```
function f1(){
  let n = 5;
  if (true) {
    let n = 10;
    }
    console.log(n);     //输出 5
}
```

上面的函数有两个代码块，都声明了变量 n，运行后输出 5。这表示外层代码块不受内层代码块的影响。如果使用关键字 var 定义变量 n，最后输出的值就是 10。

一般而言，函数结束后，对函数内部变量的引用全部结束，函数内部的局部变量将被回收，函数的执行环境将被清空。但是，如果以内部函数作为函数的返回值，情况就会发生变化：

```
function test(i) {
  var b = i * i;
  return function(){
    return b--;
  };
}
```

```
var a = test(8);
a();                    //返回值为 64，内部变量 b 为 63
a();                    //返回值为 63，内部变量 b 为 62
```

当以内部函数作为返回值时，因为函数结束后内部变量的引用并未结束，所以函数的局部变量无法回收，函数的执行环境被保留下来，因而形成了闭包（Closure）效果，可以通过该引用访问本该被回收的内部变量。

JavaScript 支持闭包。所谓闭包，是指词法表示包括不必计算的变量的函数，即该函数能使用函数外定义的变量。在 JavaScript 中使用全局变量是一个简单的闭包实例，如下所示：

```
var sMessage = "Hello World!";
function sayHelloWorld(){
    alert(sMessage);
}
sayHelloWorld();
```

在这段代码中，脚本被载入内存后，并没有为函数 sayHelloWorld()计算变量 sMessage 的值，该函数捕获 sMessage 的值只是为以后使用，即解释程序知道在调用该函数时要检查 sMessage 的值。sMessage 将在调用函数 sayHelloWorld()时（最后一行）被赋值，显示消息 "Hello World!"。

在一个函数中定义另一个函数会使闭包变得复杂，如下所示：

```
var iBaseNum = 10;
function addNumbers(iNum1, iNum2){
  function doAddition(){
      return iNum1 + iNum2 + iBaseNum;
  }
  return doAddition();
}
```

这里，函数 addNumbers()包括函数 doAddition()（闭包）。内部函数是个闭包，因为它将获取外部函数的参数 iNum1 和 iNum2 以及全局变量 iBaseNum 的值。函数 addNumbers()的最后一步调用了内部函数，把两个参数和全局变量相加，并返回它们的和。这里要掌握的重要概念是函数 doAddition()根本不接收参数，它使用的值是从执行环境中获取的。

下面是两个测试闭包使用的案例。

【案例 2-26】测试闭包使用 1。

```
<html>
  <head>
    <title>2-26 测试闭包使用 1</title>
    <script type="text/javascript">
    //比较函数
    function createComparison(propertyName) {
      var t = propertyName;
      return function(obj1, obj2) {
        //引用了 t，而 t 是外部函数 createComparison()的成员
```

```
      var item1 = obj1[t];
      var item2 = obj2[t];
      if (item1 < item2)
        return -1;
      if (item1 > item2)
        return 1;
      if (item1 == item2)
        return 0;
    }
  }
  //比较 name
  var compare = createComparison("name");
  var result = compare(
    {name: "d", age: 20 },
    {name: "c", age: 27 });
  console.log(result);
  </script>
</head>
<body>
</body>
</html>
```

代码运行结果为：

```
1
```

【案例 2-27】测试闭包使用 2。

```
<html>
  <head>
    <title>2-27 测试闭包使用 2</title>
    <script type="text/javascript">
    var arr = new Array();
    function Person(){
      for (var i = 0; i < 5; i++) {
        //内部函数的作用域是在定义时确定的
          function temp (num) {
            function returnNum ()
            {
              return num;
            }
            return returnNum;
          }
          //执行 temp()返回的子函数包含其定义时外部函数的作用域
          var item = temp(i);
          arr.push(item);
        }
      }
      Person();
      for (var i = 0; i < arr.length; i++) {
        var item = arr[i];
        console.log(item());
```

```
        }
      </script>
    </head>
    <body>
    </body>
  </html>
```

代码运行结果为：

```
0
1
2
3
4
```

可以看到，闭包是 JavaScript 中非常强大且有用的一部分，可以用于执行复杂的计算。就像使用任何高级函数一样，在使用闭包时要当心，因为它们可能会变得非常复杂。

本章小结

JavaScript 与其他语言一样，也支持常量与变量，不过 JavaScript 中的变量是无类型的，即可以存储任何一种类型的数据。JavaScript 中的基本数据类型有数值型、字符型、布尔型、Undefined 型、Null 型。此外，JavaScript 还支持对象、数组数据类型。各种不同的数据类型可以通过显式或隐式方式进行转换。

本章介绍了 JavaScript 中的运算符、语句。JavaScript 的所有功能都是通过语句来实现的，本章对 JavaScript 中的选择语句、循环语句、跳转语句、异常处理语句等进行了详细介绍，熟练掌握这些语句可为学习 JavaScript 打下坚实的基础。

本章还介绍了函数的定义与使用方法。函数在 JavaScript 中是一个很重要的部分，JavaScript 有很多内置函数，程序员可以直接使用这些内置函数，也可以自定义函数以供程序调用。同时还介绍了 ES6 一些新增的技术，包括遍历器、Generator 函数和闭包的相关知识。

习　题

2-1　JavaScript 中声明变量是使用什么关键字来进行的？

2-2　声明 3 个变量，包括一个数值变量和两个字符串变量。数值变量的值为 120，字符串变量的值分别为"2150"和"Two Hundred"。将创建的两个字符串变量转换成数值变量，它们能否转换成功？如果不能，为什么？

2-3　创建一个带有 3 个数字的数组。

2-4　简述 for 语句、while 语句和 do...while 语句的区别。

2-5　throw 语句的作用是什么？

2-6　通过什么方法可以获取函数中传递的参数的个数？

综合实训

目标

定义一个函数，该函数的作用是使用冒泡法将传递过来的数字按升序进行排序，并输出排序的结果。

准备工作

在进行本实训前，必须掌握 JavaScript 的基本语法、选择和循环语句、函数的定义和使用函数的参数。

由于参与排序的数字的个数不定，因此，在定义该函数时并没有定义参数，只有在调用该函数时，才使用 arguments 对象来获取实际传递的参数值。获取实际传递的参数值后，再通过冒泡法对参数值进行排序，最后通过循环输出排序后的结果。

实训预估时间：45min

按升序排序的冒泡法的基本思路是将要排序的数字放在一个数组中，并将数组中相邻的两个元素值进行比较，将数值小的元素放在数组的前面，具体操作方法如下。

① 假设数组 a 中有 n 个元素，在初始状态下，a[0]～a[n-1]的值为无序数字。

② 第一次扫描，从数组最后一个元素开始比较相邻两个元素的值，大的放在数组后面，小的放在数组前面。即依次比较 a[n-1]与 a[n-2]、a[n-2]与 a[n-3]、……、a[2]与 a[1]、a[1]与 a[0]的值，小的放前面，大的放后面。例如，a[1]的值小于 a[2]的值，就将这两个元素的值交换。一次扫描完毕后，最小的数字就会存放在 a[0]元素上。

③ 第二次扫描，第二小的数字就会存放在 a[1]元素上。

④ 以此类推，直到循环结束。

第3章

JavaScript对象

03

本章导读

JavaScript 作为一门基于对象的编程语言，以其简单、快捷的对象操作获得了 Web 应用程序开发者的青睐，而其内置的几个核心对象，则构成了 JavaScript 语言的基础。其内置对象包括同基本数据类型相关的对象（如 Number、Boolean、String）、允许创建用户自定义和组合类型的对象（如 Object、Array）和其他能增强 JavaScript 语言功能的对象（如 Date、RegExp、Function）。本章将会介绍主要核心对象的基本概念及用法，重点介绍 JavaScript 对象模型以及常用的内置对象的属性和方法。

本章要点

- 掌握 Console 对象的使用方法
- 理解 JavaScript 中的对象，包括对象属性、对象方法和类
- 掌握常用内置对象以及这些对象的属性和方法
- 掌握 JSON 格式和 JSON 对象
- 掌握自定义对象的实现方法

3.1 Number 与 Boolean 对象

3.1.1 Number 对象

Number 对象是对应于数值型和提供数值常数的对象，在使用中可通过为
Number 对象的构造函数指定参数值的方式来创建一个 Number 对象的实例。

创建 Number 对象实例的方法如下：

```
var numObj = new Number();
var numObj = new Number(value);
```

微课 3.1
Number 与
Boolean 对象

第一行代码创建了一个空的 Number 对象实例 numObj；第二行代码创
建了一个 Number 对象的实例 numObj，同时通过传入的参数 value 进行初
始化。参数 value 是要创建的 Number 对象的数值，或是要转换成数字的值。

表 3-1 列出了其常用的属性和方法。

表 3-1　Number 对象常用属性和方法

类型	项目及语法	简要说明
属性	MAX_VALUE	获取支持的最大值
	MIN_VALUE	获取支持的最小值
	NaN	为 Not a Number 的简写，表示一个不等于任何数的值
	NEGATIVE_INFINITY	表示负无穷大的特殊值，溢出时返回该值
	POSITIVE_INFINITY	表示正无穷大的特殊值，溢出时返回该值
	prototype	原型属性，允许在 Number 对象中增加新的属性和方法
方法	toSource()	返回表示对象源代码的字符串
	toString()	返回当前 Number 对象实例的字符串表示
	toFixed(num)	返回四舍五入为指定小数位数的数字，即小数点后有固定的 num 位数字。如果必要，小数位数字可以被舍入，也可以用 0 补足，以便它达到指定的长度
	valueOf()	返回一个 Number 对象实例的原始值

【案例 3-1】使用 Number 对象的属性和方法。

```
<html>
  <head>
    <title>3-1 使用 Number 对象的属性和方法</title>
    <script type="text/javascript">
      console.log("构造 Number 对象的实例：");
      var num1 = new Number();
      var num2 = new Number(6);
      console.log("before: num1=" + num1 + ", num2=" + num2);
      num1 = 10;
      num2 = 20;
```

```
        console.log("after: num1=" + num1 + ", num2=" + num2);
        console.log("可使用的最大的数: " + Number.MAX_VALUE);
        console.log("可使用的最小的数: " + Number.MIN_VALUE);
        if (isNaN("abc")) {
          console.log("abc: " + Number.NaN);
        }
        var x = (-Number.MAX_VALUE) * 2;
        if(x == Number.NEGATIVE_INFINITY) {
          console.log("Value of x: " + x);
        }
        var str = num1.toString();
        console.log("num1 转换为字符串: " + str);
        var num = new Number(15.67);
        console.log("将数字 15.67 四舍五入为仅有一位小数的数字: " + num.toFixed(1));
    </script>
  </head>
  <body>
  </body>
</html>
```

程序输出结果为：

```
构造 Number 对象的实例:
before: num1=0, num2=6
after: num1=10, num2=20
可使用的最大的数: 1.7976931348623157e+308
可使用的最小的数: 5e-324
abc: NaN
Value of x: -Infinity
num1 转换为字符串: 10
将数字 15.67 四舍五入为仅有一位小数的数字: 15.7
```

3.1.2　Boolean 对象

Boolean 对象是对应于布尔型的内置对象，它表示原始的布尔值，只有 true 和 false 两个状态。在 JavaScript 语言中，数值 0 代表 false 状态，任何非 0 数值表示 true 状态。

Boolean 对象的实例可通过使用其构造函数和 Boolean()函数来创建，如下所示：

```
var boolObj = new Boolean();
var boolObj = new Boolean(value);
var boolObj = Boolean(value);
```

第一行通过 Boolean 对象的构造函数创建对象的实例 boolObj，并用 Boolean 对象的默认值 false 将其初始化；第二行通过 Boolean 对象的构造函数创建对象的实例 boolObj，并用以参数传入的 value 值将其初始化；第三行使用 Boolean()函数创建 Boolean 对象的实例，并用以参数传入的 value 值将其初始化。

Boolean 对象为 JavaScript 语言的内置对象，表示原始逻辑状态 true 和 false，表 3-2 列出了其常用的属性和方法。

表 3-2　Boolean 对象常用属性和方法

类型	项目及语法	简要说明
属性	prototype	允许在 Boolean 对象中增加新的属性和方法
方法	toSource()	返回表示对象源代码的字符串
	toString()	返回当前 Boolean 对象实例的字符串（"true"或"false"）
	valueOf()	返回一个 Boolean 对象实例的原始 Boolean 值

【案例 3-2】用不同的方式创建 Boolean 对象的实例，并使用 typeof 操作符返回其类型。

```html
<html>
  <head>
    <title>3-2 用不同的方式创建 Boolean 对象的实例，并使用 typeof 操作符返回其类型</title>
    <script type="text/javascript">
    var boolA = new Boolean();
    var boolB = new Boolean(false);
    var boolC = new Boolean("false");
    var boolD = Boolean(false);
    console.log("boolA=" + boolA + "        类型: " + typeof(boolA));
    console.log("boolB=" + boolB + "        类型: " + typeof(boolB));
    console.log("boolC=" + boolC + "        类型: " + typeof(boolC));
    console.log("boolD=" + boolD + "        类型: " + typeof(boolD));
    </script>
  </head>
  <body>
  </body>
</html>
```

程序输出结果为：

```
boolA=false        类型: object
boolB=false        类型: object
boolC=true         类型: object
boolD=false        类型: boolean
```

在本例中需要注意以下两点。

① 在第三种构造方式中，首先判断字符串"false"是否为 null，结果返回 true，并将其作为参数通过 Boolean 构造函数创建对象，故其返回 boolC=true。在创建 Boolean 对象实例过程中，如果传入的参数为 null、NaN、""或者 0，这些参数将自动变成 false，其余的将变成 true。

② 在第四种构造方式中，生成的 boolD 仅为一个包含布尔值的变量，其类型与前面 3 种不同，为 boolean 而不是 object。

Boolean 对象构造完成后，可通过直接对实例赋值的方式修改其内容。在实际构造过程中，要灵活运用这几种构造方法，并理解其间的不同之处和相似之处。

3.2　String 对象与字符串操作

微课 3.2　String
对象与字符串操作

String 对象是和字符型相对应的 JavaScript 语言内置对象，属于 JavaScript 核心对象之一，提供了诸多方法实现字符串检查、抽取子串、字符串连接、字符串分割等字符串相关操作。

创建 String 对象实例的方法如下：

```
var MyString = new String( );
var MyString = new String(string);
```

String 对象的构造方法可以返回一个使用可选参数"string"作为字符串初始化的 String 对象的实例，用于后续的字符串操作。

JavaScript 语言的核心对象 String 提供了大量的属性和方法来操作字符串。表 3-3 列出了其常用的属性和方法。

表 3-3　String 对象常用属性和方法

类型	项目及语法	简要说明
属性	length	返回目标字符串的长度
	prototype	用于给 String 对象增加属性和方法
方法	anchor(name)	创建 a 标签，并用参数 name 设置其 name 属性
	big()	使用大号字体显示字符串（包含于 HTML 显示大号字体代码中的字符串）
	blink()	显示闪动字符串（包含于 HTML 闪动字代码中的字符串）
	bold()	使用粗体显示字符串（包含于 HTML 粗体字代码中的字符串）
	charAt(num)	用于返回参数 num 指定索引位置的字符。如果参数 num 不是字符串中的有效索引则返回−1
	charCodeAt(num)	与 charAt( )方法相同，返回在指定的索引位置的字符的 Unicode 编码值
	concat(str)	连接字符串，把作为参数传入的 str 字符串连接到当前字符串的末尾并返回新的字符串
	fixed()	以打字机字体显示字符串
	fontcolor(color)	使用指定的颜色来显示字符串（包含于 HTML 显示颜色代码中的字符串）
	fontsize(num)	使用指定的尺寸来显示字符串（包含于 HTML 显示尺寸代码中的字符串）
	fromCharCode()	从字符编码创建一个字符串
	indexOf(str,num) indexOf(str)	检索字符串，返回通过 str 参数传入的字符串首次出现的位置，num 参数规定在字符串中开始检索的位置
	italics()	使用斜体显示字符串（包含于 HTML 斜体字代码中的字符串）
	lastIndexOf()	参数与 indexOf()的相同，功能相似，索引方向相反，从后向前搜索字符串
	link(URL)	将字符串显示为链接
	localeCompare()	用本地特定的顺序来比较两个字符串
	match(regexpression)	查找目标字符串中与通过参数传入的正则表达式 regexpression 匹配的字符串
	replace(regexpression,str)	查找目标字符串中与通过参数传入的正则表达式匹配的字符串，若找到匹配字符串，返回由参数字符串 str 替换匹配字符串后的新字符串

续表

类型	项目及语法	简要说明
方法	search(regexpression)	查找目标字符串中与通过参数传入的正则表达式匹配的字符串，找到匹配字符串时，返回字符串的索引，否则返回-1
	slice(num)	返回目标字符串指定位置的字符串，并在新的字符串中返回被提取的部分。num 参数表示要返回的字符串的起始下标，第一个字符位置是 0，如果为负数，则从尾部开始截取
	small()	使用小字号来显示字符串(包含于 HTML 小字号代码中的字符串)
	split()	把字符串分割为字符串数组
	strike()	使用删除线来显示字符串（包含于 HTML 显示删除线代码中的字符串）
	sub()	把字符串显示为下标（包含于 HTML 下标代码中的字符串）
	substr(num)	从起始索引提取字符串中指定数目的字符
	substring(num1,num2)	提取字符串中两个指定的索引之间的字符
	sup()	把字符串显示为上标（包含于 HTML 上标代码中的字符串）
	toLocaleLowerCase()	把字符串转换为小写，与 toLowerCase()不同的是，toLocaleLowerCase()方法按照本地方式把字符串转换为小写。只有几种语言（如土耳其语）具有地方特有的大小写映射，所以该方法的返回值通常与 toLowerCase()一样
	toLocaleUpperCase()	把字符串转换为大写，与 toUpperCase()不同的是，toLocaleUpperCase()方法按照本地方式把字符串转换为大写。只有几种语言（如土耳其语）具有地方特有的大小写映射，所以该方法的返回值通常与 toUpperCase()一样
	toLowerCase()	把字符串转换为小写
	toUpperCase()	把字符串转换为大写
	toString()	返回字符串
	valueOf()	返回某个 String 对象的原始值

在 JavaScript 代码的编写过程中，String 对象是很常见的处理目标，用于存储较短的数据。String 对象提供了属性和方法支持，方便开发者灵活地操纵 String 对象的实例。

1. 获取目标字符串长度

字符串的长度属性 length 作为 String 对象的唯一自有属性，是只读属性，它返回目标字符串所包含的字符数（包含字符串里面的空格）。

【案例 3-3】获取目标字符串长度。

```html
<html>
  <head>
    <title>3-3 获取目标字符串长度</title>
    <script type="text/javascript">
      var myString = new String("Welcome to JavaScript world!");
      var strLength = myString.length;
      console.log("原始字符串: " + myString + " 长度: " + strLength);
      myString = "This is the New String!";
      strLength = myString.length;
```

```
        console.log("改变内容的字符串: " + myString + " 长度: " + strLength);
    </script>
  </head>
  <body>
  </body>
</html>
```

程序输出结果为：

```
原始字符串: Welcome to JavaScript world! 长度: 28
改变内容的字符串: This is the New String! 长度: 23
```

2．使用 String 对象方法操作字符串

使用 String 对象的方法来操作目标对象并不会改变对象本身，而只是返回包含操作结果的字符串。例如要设置改变某个字符串的值，必须要定义该字符串等于将对象实施某种操作后的结果。例如下面调用方法将字符串转换为大写：

```
MyString.toUpperCase();
```

调用 String 对象的方法语句 MyString.toUpperCase()运行后，并没有改变字符串 MyString 的内容，如果要使用 String 对象的 toUpperCase()方法改变字符串 MyString 的内容，必须将使用 toUpperCase()方法操作字符串的结果返回给原字符串：

```
MyString=MyString.toUpperCase();
```

通过以上语句操作字符串后，字符串的内容才真正被改变。String 对象的其他方法也具有此特性。

3．连接两个字符串

String 对象的 concat()方法能将作为参数传入的字符串连接到调用该方法的字符串的末尾，并将结果返回给新的字符串，语法格式如下：

```
newString=targetString.concat(anotherString);
```

【案例 3-4】连接两个字符串。

```
<html>
  <head>
    <title>3-4 连接两个字符串</title>
    <script type="text/javascript">
      var strA = new String("Welcome to ");
      var strB = new String("the world!");
      var strResult = strA.concat(strB);
      console.log("当前目标字符串: " + strA);
      console.log("被连接的字符串: " + strB);
      console.log("连接后的字符串: " + strResult);
    </script>
  </head>
  <body>
  </body>
</html>
```

程序输出结果为：

```
当前目标字符串: Welcome to
被连接的字符串: the world!
连接后的字符串: Welcome to the world!
```

本例中连接字符串的核心语句为：

```
var strResult = strA.concat(strB);
```

该语句运行后，字符串 strB 将连接到字符串 strA 的后面，并将生成的新字符串赋值给 strResult，连接过程并不改变字符串 strA 和 strB 的值。

JavaScript 脚本中，也可通过如下的方法实现同样的功能：

```
var strResult = "Welcome to " + "the world!";
var strResult = "Welcome to ".concat("the world!");
var strResult = "Welcome to ".concat("the ", "world!");
```

String 对象的 concat()方法可接收任意数目的参数字符串，并按顺序将它们连接起来添加到调用该方法的字符串后面，并将结果返回给新字符串。

4. 返回指定位置的字符串

String 对象提供几种方法用于获取指定位置的字符串。

第一种方法 slice()的两种语法格式如下：

```
slice(num1,num2);
slice(num);
```

其中以参数 num1 和 num2 作为起始和结束索引，返回目标字符串中 num1 和 num2 之间的子串，不包含结束索引对应的值。当 num2 为负时，从字符串末尾向前-num2 个字符即结束索引位置；当参数 num2 大于字符串的长度时，字符串结束索引位置为字符串末尾。若只有参数 num，返回从 num 索引位置至字符串末尾的子串。

第二种方法 substr()的两种语法格式如下：

```
substr(num1,num2);
substr(num);
```

该方法返回字符串从指定起始位置 num1 开始、长度为 num2 的子串。参数 num1 为负时，返回从字符串末尾向前-num1 个字符开始、长度为 num2 的子串；当参数 num2 大于字符串的长度时，字符串结束索引位置为字符串的末尾。使用单一参数 num 时，返回从该参数指定的索引位置到字符串末尾的子串。

第三种方法 substring()的两种语法格式如下：

```
substring(num1,num2);
substring(num);
```

该方法返回字符串在指定的索引 num1 和 num2 之间的字符。如果 num2 为负，返回从字符串起始索引位置 0 开始的 num1 个字符；如果参数 num1 为负，将被视为 0；如果参数 num2 大于字符串长度，将被视为 String.length。使用单一参数 num 时，返回从该参数指定的索引位置到字符串末尾的子串。

利用 String 对象的这 3 种方法，可方便地生成指定的子串。

【案例 3-5】返回指定位置的字符串。

```
<html>
  <head>
    <title>3-5 返回指定位置的字符串</title>
    <script type="text/javascript">
      var MyString = new String("Congratulations!");
```

```
            console.log("原始字符串内容:" + MyString + " 长度:" + MyString.length);
            console.log("slice()方法:");
            console.log("  MyString.slice(2,9): " + MyString.slice(2,9));
            console.log("  MyString.slice(2,-2): " + MyString.slice(2,-2));
            console.log("  MyString.slice(2,19): " + MyString.slice(2,19));
            console.log("  MyString.slice(2): " + MyString.slice(2));
            console.log("substr()方法:");
            console.log("  MyString.substr(2,9): " + MyString.substr(2,9));
            console.log("  MyString.substr(-2,9): " + MyString.substr(-2,9));
            console.log("  MyString.substr(2,19): " + MyString.substr(2,19));
            console.log("  MyString.substr(2): " + MyString.substr(2));
            console.log("substring()方法: ");
            console.log(" MyString.substring(2,9): " + MyString.substring(2,9));
            console.log(" MyString.substring(2,-2): " + MyString.substring(2,-3));
            console.log(" MyString.substring(-2,9): " + MyString.substring(-2,9));
            console.log("  MyString.substring(2,19): " + MyString.substring(2,19));
            console.log(" MyString.substring(2): " + MyString.substring(2));
        </script>
    </head>
    <body>
    </body>
</html>
```

程序输出结果为:

```
原始字符串内容: Congratulations! 长度: 16
slice()方法:
  MyString.slice(2,9): ngratul
  MyString.slice(2,-2): ngratulation
  MyString.slice(2,19): ngratulations!
  MyString.slice(2) : ngratulations!
substr()方法:
  MyString.substr(2,9): ngratulat
  MyString.substr(-2,9): s!
  MyString.substr(2,19): ngratulations!
  MyString.substr(2): ngratulations!
substring()方法:
  MyString.substring(2,9): ngratul
  MyString.substring(2,-2): Co
  MyString.substring(-2,9): Congratul
  MyString.substring(2,19): ngratulations!
  MyString.substring(2): ngratulations!
```

String 对象还提供了 charAt(num)方法返回字符串中由参数 num 指定索引位置处的字符,如果 num 不是字符串中的有效索引位置则返回−1;提供的 charCodeAt(num)方法返回字符串中由 num 指定索引位置处字符的 Unicode 编码值,如果 num 不是字符串中的有效索引位置则返回−1。

3.3 Date 对象与时间日期

在 Web 页面应用中,经常会碰到需要处理时间和日期的情况。JavaScript
脚本内置了核心对象 Date,该对象可以表示从毫秒到年的所有时间和日期,
并提供了一系列操作时间和日期的方法。

Date 对象的构造函数通过可选的参数,可生成表示过去、现在和将来
的 Date 对象,其构造方式有 4 种,分别如下:

微课 3.3 Date
对象与时间日期

```
var myDate = new Date();
var myDate = new Date(milliseconds);
var myDate = new Date(string);
var myDate = new Date(year,month,day,hours,minutes,seconds,milliseconds);
```

第一种方式生成一个空的 Date 对象实例 myDate,可在后续操作中通过 Date 对象提供的诸
多方法来设定其时间,如果不设定则代表客户端当前时间;在第二种方式的构造函数中传入唯
一参数 milliseconds,表示构造与 GMT(Greenwich Mean Time,格林尼治标准时)标准零点
(1970 年 1 月 1 日 0 时)相距 milliseconds 毫秒的 Date 对象实例 myDate;第三种方式构造一个
用参数 string 指定的 Date 对象实例 myDate,其中 string 为表示期望日期的字符串,符合特定
的格式;第四种方式通过具体的日期属性,如 year、month 等构造指定的 Date 对象实例 myDate。

使用 Date 对象时,需要注意下列要点。

(1)指定的年份应该是 4 位数字,除非想指定一个 1900—2000 年的年份,这种情况下可
以直接使用两位数字的年份(0~99),并且把它和 1900 相加。所以,2009 表示 2009 年,但
是 98 将转换为 1998。

(2)用整数 0~11 表示月份,0 表示 1 月,11 表示 12 月。

(3)日期是 1~31 的一个整数。

(4)小时表示为 0~23 的整数,其中 23 表示晚上 11 时。

(5)分钟和秒都是 0~59 的整数。

(6)毫秒是 0~999 的一个整数。

Date 对象提供了操作日期和时间的诸多成熟方法,方便程序员在脚本开发过程中简单、
快捷地使用日期和时间。表 3-4 列出了 Date 对象常用的属性和方法。

表 3-4 Date 对象常用的属性和方法

类型	项目及语法	简要说明
属性	prototype	允许在 Date 对象中增加新的属性和方法
方法	getDate()	返回月中的某一天(几号)
	getDay()	返回星期中的某一天(星期几)
	getFullyear()	返回用 4 位数表示的本地时间的年
	getHours()	返回小时
	getMilliseconds()	返回毫秒

类型	项目及语法	简要说明
方法	getMinutes()	返回分钟
	getMonth()	返回月份
	getSeconds()	返回秒
	getTime()	返回以毫秒表示的日期和时间
	getTimezoneoffset()	返回以 GMT 为基准的时区偏差，以分钟计算
	getUTCDate()	返回转换成世界时间的月中的某一天
	getUTCDay()	返回转换成世界时间的星期中的某一天（星期几）
	getUTCFullyear()	返回转换成世界时间的 4 位数表示的本地时间的年
	getUTCHours()	返回转换成世界时间的小时
	getUTCMilliseconds()	返回转换成世界时间的毫秒
	getUTCMinutes()	返回转换成世界时间的分钟
	getUTCSeconds()	返回转换成世界时间的秒
	getYear()	返回 2 位或 4 位数字标识的年份，从 ECMAScript v3 开始，JavaScript 的实现就不再使用该方法，而是使用 getFullYear() 方法取代
	parse()	返回转换成世界时间的秒
	setDate()	设置月中的某一天
	setFullyear()	按以参数传入的 4 位数设置年
	setHours()	设置小时
	setMilliseconds()	设置毫秒
	setMinutes()	设置分钟
	setMonth()	设置月份
	setSeconds()	设置秒
	setTime()	从一个表示日期和时间的毫秒数来设置日期和时间
	setUTCDate()	按世界时间设置月中的某一天
	setUTCFullyear()	按世界时间以参数传入的 4 位数设置年
	setUTCHours()	按世界时间设置小时
	setUTCMilliseconds()	按世界时间设置毫秒
	setUTCMinutes()	按世界时间设置分钟
	setUTCMonth()	按世界时间设置月份
	setUTCSeconds()	按世界时间设置秒
	setYear()	以 2 位数或 4 位数来设置年
	toGMTString()	返回表示 GMT 世界时间的日期和时间的字符串
	toLocaleString()	返回表示本地时间的日期和时间的字符串
	toSource()	返回表示对象源代码的字符串
	toString()	返回表示本地时间的日期和时间的字符串
	toUTCString()	返回表示 UTC 世界时间的日期和时间的字符串
	toUTC()	将世界时间的日期和时间转换为毫秒

其中的许多方法都有世界时间 UTC（Coordinated Universal Time，协调世界时）版本，这意味着它们将获取或设置 UTC 中的日期和时间，而不是本地时间。

【案例 3-6】创建日期对象并转化为字符串。

```html
<html>
  <head>
    <title>3-6 创建日期对象并转化为字符串</title>
    <script type="text/javascript">
      var myDate1 = new Date();
      var myDate2 = new Date(myDate1.getTime());
      var myDate3 = new Date(myDate1.toString());
      var myDate4 = new Date(2011,2,1,18,30,20,100);
      console.log("本地日期 toString():  " + myDate1.toString());
      console.log("本地日期 toLocaleString():  " + myDate2.toLocaleString());
      console.log("GMT 世界时间 toGMTString():  " + myDate3.toGMTString());
      console.log("UTC 世界时间 toUTCString():  " + myDate4.toUTCString());
    </script>
  </head>
  <body>
  </body>
</html>
```

程序输出结果为：

```
本地日期 toString(): Wed Mar 09 2011 18:03:10 GMT+0800
本地日期 toLocaleString(): 2011 年 3 月 9 日 18:03:10
GMT 世界时间 toGMTString(): Wed, 09 Mar 2011 10:03:10 GMT
UTC 世界时间 toUTCString(): Fri, 01 Mar 2011 10:30:20 GMT
```

本例中分别使用了 4 种构造方式创建日期对象，分析如下。

① 通过第一种构造方式 new Date()构造 Date 对象实例 myDate1；

② 通过 Date 对象的 getTime()方法返回 myDate1 表示的时间与 GMT 标准零点之间的毫秒数，然后将此毫秒数作为参数通过第二种构造方式 new Date(milliseconds)构造 Date 对象实例 myDate2；

③ 通过 Date 对象的 toString()方法返回表示 Date 对象实例 myDate1 代表的时间的字符串，然后将此字符串作为参数通过第三种构造方式 new Date(string)构造 Date 对象实例 myDate3；

④ 通过第四种构造方式 new Date(year,month,day,hours,minutes,seconds,milliseconds)构造代表 2011 年 3 月 1 日 10 时 30 分 20 秒 100 毫秒的 Date 对象实例 myDate4。

从程序输出结果可以看出，toString()和 toLocaleString()方法返回表示客户端日期和时间的字符串，但格式大不相同。实际上，toLocaleString()方法返回字符串的格式由用户设置的日期和时间格式决定，而 toString()方法返回的字符串遵循以下格式：

```
Wed Mar 09 2011 18:03:10 GMT+0800
```

后面两种将日期转化为字符串的方法 toGMTString()和 toUTCString()返回的字符串格式相同。但是从 myDate4 的输出时间可以看出本地时间和世界标准时间两者之间的差异，本地时间（东八区：北京时间）与 UTC 世界标准时间之间相差 8h。

71

【案例3-7】设置日期各字段。

```html
<html>
  <head>
    <title>3-7 设置日期各字段</title>
    <script type="text/javascript">
      var myDate = new Date();
      myDate.setFullYear(2011,2,15);
      myDate.setHours(8);
      myDate.setMinutes(45);
      myDate.setSeconds(59);
      console.log("设置日期: " + myDate.toString());
      myDate.setDate(myDate.getDate()+5);
      console.log("5 天后的日期: " + myDate.toString());
      myDate.setTime(623510234);
      console.log("setTime()方法: " + myDate.toString());
    </script>
  </head>
  <body>
  </body>
</html>
```

程序输出结果为：

```
设置日期: Tue Mar 15 2011 08:45:59 GMT+0800
5 天后的日期: Sun Mar 20 2011 08:45:59 GMT+0800
setTime()方法: Thu Jan 08 1970 13:11:50 GMT+0800
```

上述使用的都是本地时间，在 JavaScript 语言中也可使用 UTC 标准世界时间作为操作的标准，同样存在诸如 setUTCDate()、setUTCMonth()等诸多方法。

3.4 Array 对象与数组

数组是包含基本和组合数据类型的有序序列，在 JavaScript 语言中实际指 Array 对象。

微课 3.4 Array
对象与数组

3.4.1 创建数组和二维数组

创建数组主要有如下几种方法：

```javascript
// 构造函数
var myArray = new Array();
var myArray = new Array(5);
var myArray = new Array(arg1,arg2,...,argN);
// 构造函数可以省略 new 关键字
var myArray = Array();
// 创建空数组便捷语法，等同于 var myArray = new Array();
var myArray = [];
// 等同于 var myArray = new Array(arg1,arg2,...,argN);
var myArray = [arg1,arg2,…,argN];
```

第一行声明一个空数组并将其存放在以 myArray 命名的空间里，可用 Array 对象的方法动态添加数组元素；第二行声明长度为 5 的空数组，JavaScript 语言中支持最大的数组长度为4294967295；第三行声明一个长度为 N 的数组，并用参数 arg1,arg2,...,argN 直接初始化数组元素，该方法在实际中应用最为广泛。

除了创建上面的数组，还可以创建二维数组。二维数组本质上是以数组作为数组元素的数组，即"数组的数组"。

```
// 二维数组
var myArray = [[arr1],[arr2],…,[arrN]];
```

JavaScript 语言的核心对象 Array 对象提供了较多的属性和方法来访问和操作目标 Array 对象实例，如增加、修改数组元素等。表 3-5 列出了 Array 对象常用的属性和方法。

表 3-5　Array 对象常用属性和方法

类型	项目及语法	简要说明
属性	length	返回数组的长度，为可读写属性
	prototype	用来给 Array 对象添加属性和方法
方法	concat(arg1,arg2,...,argN)	将参数中的元素添加到目标数组后面并将结果返回到新数组
	join() join(string)	将数组中所有元素转化为字符串，并把这些字符串连接成一个字符串。若有参数 string，则表示使用 string 作为分开各个数组元素的分隔符
	pop()	删除数组末尾的元素并将数组 length 属性值减 1
	push(arg1,arg2,...,argN)	把参数中的元素按顺序添加到数组的末尾
	reverse()	按照数组的索引将数组元素的顺序完全颠倒
	shift()	删除数组的第一个元素并将该元素作为操作的结果返回。删除后所有剩下的元素将前移 1 位
	unshift()	向数组的开头添加一个或多个元素，并返回添加后数组的长度
	slice(start,stop) slice(start)	返回包含参数 start 和 stop 之间的数组元素的新数组，若无 stop 参数，则默认 stop 为数组的末尾
	sort() sort(function)	基于一种顺序重新排列数组的元素。若有参数 function，则它表示一定的排序算法
	splice(start,delete,arg1,...,argN)	按参数 start 和 delete 的具体值添加、删除数组元素，可选参数 arg1,...,argN 表示要添加进数组的元素
	toSource()	返回表示对象源代码的字符串
	toString()	返回一个包含数组中所有元素的字符串，并用逗号隔开各个数组元素

JavaScript 核心对象 Array 为用户提供了访问和操作数组的途径，使 JavaScript 脚本程序开发人员能很方便、快捷地操作数组这种存储数据序列的引用类型。

3.4.2　操作数组

1．创建数组并访问其特定位置元素

JavaScript 语言中，使用 new 操作符来创建新数组，并可通过数组元素的索引实现对任意元素的访问。数组元素索引从 0 开始顺序递增，可通过数组元素的索引实现对它的访问，例如：

```
var data = myArray[i];
```

【案例 3-8】创建数组并通过索引访问元素。

```html
<html>
  <head>
    <title>3-8 创建数组并通过索引访问元素</title>
    <script type="text/javascript">
      var arrPerson = new Array("TOM","Allen","Lily","Jack");
      console.log("数组信息: ");
      console.log("arrPerson.length=" + arrPerson.length);
      for(var i = 0; i < arrPerson.length; i++){
        console.log("arrPerson["+ i + "]=" + arrPerson[i]);
      }
      console.log("arrPerson[5]=" + arrPerson[5]);
  </head>
  <body>
    </script>
  </body>
</html>
```

程序输出结果为：

```
数组信息:
arrPerson.length=4
arrPerson[0]=TOM
arrPerson[1]=Allen
arrPerson[2]=Lily
arrPerson[3]=Jack
arrPerson[5]=undefined
```

本例中，访问数组中未被定义的元素时将返回未定义的值 undefined，如下列代码：

```
var data = arrPerson[5];
```

运行后，data 返回未定义的值 undefined。

2．修改 length 属性更改数组

Array 对象的 length 属性保存目标数组的长度：

```
var arrayLength = arrayName.length;
```

Array 对象的 length 属性检索的是数组末尾的下一个可及（未被填充）的位置的索引值，即使前面有些索引没被使用，length 属性也返回最后一个元素后面第一个可及位置的索引值。例如，下面的代码中最后 arrayLength 的值为 11：

```
var myArray = new Array();
myArray[10] = "Welcome!";
var arrayLength = myArray.length;
```

同时，当脚本动态添加、删除数组元素时，数组的 length 属性会自动更新。在循环访问数组元素的过程中，应十分注意控制循环的变量的变化情况。

length 属性可读写，在 JavaScript 语言中可通过修改数组的 length 属性来更改数组的内容，如通过减小数组的 length 属性值，改变数组所含的元素，即凡是索引在新的 length-1 后的数组元素将被删除。

【案例 3-9】修改 length 属性更改数组。

```html
<html>
  <head>
    <title>3-9 修改 length 属性更改数组</title>
    <script type="text/javascript">
      function printArray(arrayName) {
        var strArray = "";
        for(var i = 0; i < arrayName.length; i++) {
          strArray += "myArray[" + i + "]=" + arrayName[i] + "     ";
        }
        console.log(strArray);
      }
      var myArray = new Array("First","Second","Third","Forth");
      console.log("原始数组: ");
      printArray(myArray);
      console.log("设置: myArray.length=3");
      myArray.length = 3;
      printArray(myArray);
      console.log("设置: myArray.length=4");
      myArray.length = 4;
      myArray[3] = "Fifth";
      printArray(myArray);
    </script>
  </head>
  <body>
  </body>
</html>
```

程序输出结果为：

```
原始数组：
myArray[0]=First    myArray[1]=Second    myArray[2]=Third    myArray[3]=Forth
设置: myArray.length=3
myArray[0]=First    myArray[1]=Second    myArray[2]=Third
设置: myArray.length=4
myArray[0]=First    myArray[1]=Second    myArray[2]=Third    myArray[3]=Fifth
```

3. 连接数组

Array 对象的 concat()方法可以将以参数传入的元素连接到目标数组的后面，并将结果返回新数组，从而实现数组的连接。concat()方法的语法格式如下：

```
var  myNewArray = myArray.concat(arg1,arg2,…,argN);
```

该方法将按照参数的顺序将它们添加到目标数组 myArray 的后面，并将最终的结果返回新数组 myNewArray。

【案例 3-10】使用 concat()方法连接数组。

```html
<html>
  <head>
    <title>3-10 使用concat()方法连接数组</title>
    <script type="text/javascript">
      function printArray(arrayName) {
        var strArray = "";
        for(var i = 0; i < arrayName.length; i++) {
          strArray += "myArray[" + i + "]=" + arrayName[i] + "     ";
        }
        console.log(strArray);
      }
      var myArray = new Array("First","Second","Third");
      var arrayAdd1 = new Array("Forth","Fifth");
      var arrayAdd2 = new Array("Sixth");
      console.log("原始数组: ");
      printArray(myArray);
      console.log("连接数组 1: ");
      printArray(arrayAdd1);
      console.log("连接数组 2: ");
      printArray(arrayAdd2);
      console.log("连接后产生的新数组: ");
      var myNewArray = myArray.concat(arrayAdd1,arrayAdd2);
      printArray(myNewArray);
    </script>
  </head>
  <body>
  </body>
</html>
```

程序输出结果为：

```
原始数组:
myArray[0]=First     myArray[1]=Second     myArray[2]=Third
连接数组 1:
myArray[0]=Forth     myArray[1]=Fifth
连接数组 2:
myArray[0]=Sixth
连接后产生的新数组:
myArray[0]=First     myArray[1]=Second     myArray[2]=Third     myArray[3]=Forth
myArray[4]=Fifth     myArray[5]=Sixth
```

使用 concat()方法后目标数组和原数组的内容不变，即 concat()方法并不修改数组本身，而是将操作结果返回给新数组。

4. 在数组开头或结尾添加或删除数组元素

JavaScript 数组对象提供了添加或删除数组元素的方法，可以实现在数组的末尾或开头添加新的数组元素，或在数组的末尾或开头删除数组元素。

【案例 3-11】在数组开头或结尾添加或删除数组元素。

```html
<html>
  <head>
    <title>3-11 在数组开头或结尾添加或删除数组元素</title>
```

```
<script type="text/javascript">
    var arr = ['red','blue'];
    console.log('原数组: ' + arr);
    var last = arr.pop();
    console.log('在末尾删除元素: ' + last + '。删除后数组: ' + arr);
    var count = arr.push('green','yellow');
    console.log('在末尾添加元素后长度变为: ' + count + '。添加后数组: '
                                          + arr);
    var first = arr.shift();
    console.log('在开头删除元素: ' + first + '。删除后数组: ' + arr);
    count = arr.unshift('purple','black');
    console.log('在开头添加元素后长度变为: ' + count + '。添加后数组: '
                                          + arr);
</script>
</head>
<body>
</body>
</html>
```

程序输出结果为:

原数组: red,blue

在末尾删除元素: blue。删除后数组: red

在末尾添加元素后长度变为: 3。添加后数组: red,green,yellow

在开头删除元素: red。删除后数组: green,yellow

在开头添加元素后长度变为: 4。添加后数组: purple,black,green,yellow

5. 使用 splice()方法删除、插入和替换数组元素

splice()方法可以实现删除、插入和替换数组元素。

【案例 3-12】使用 splice()方法删除、插入和替换数组元素。

```
<html>
  <head>
    <title>3-12 使用 splice()方法删除、插入和替换数组元素</title>
    <script type="text/javascript">
        //删除: 指定 2 个参数, 即要删除的第一项的位置和要删除的项数
        var colors = ["red", "green", "blue"];
        var removed = colors.splice(0,1);
        console.log("新数组: " + colors + "。删除的项: " + removed);
        //插入 : 指定 3 个参数, 即起始位置、要删除的项数 0 和要插入的项
        var colors = ["red", "green", "blue"];
        var removed = colors.splice(1, 0, "yellow", "orange");
        console.log("新数组: " + colors + "。删除的项: " + removed);
        //替换 : 指定 3 个参数, 即起始位置、要替换的项数和要插入的项
        var colors = ["red", "green", "blue"];
        var removed = colors.splice(1, 1, "purple", "orange");
        console.log("新数组: " + colors + "。替换的项: " + removed);
    </script>
  </head>
  <body>
  </body>
</html>
```

77

程序输出结果为：

新数组：green,blue。删除的项：red

新数组：red,yellow,orange,green,blue。删除的项：

新数组：red,purple,orange,blue。替换的项：green

3.4.3 数组排序

Array 对象提供相关方法实现数组中元素的排序操作，如颠倒元素顺序、按 Web 应用程序开发者制定的规则进行排序等，主要有 Array 对象的 reverse()方法和 sort()方法。

reverse()方法将按照数组的索引的顺序将数组中元素完全颠倒，语法格式如下：

```
arrayName.reverse();
```

sort()方法较之 reverse()方法更复杂，它基于某种顺序重新排列数组的元素，语法格式如下：

```
arrayName.sort();
```

sort()方法可以接收一个函数为参数，这个函数有两个参数，分别代表每次排序比较时的两个数组元素。sort()排序时每次比较两个数组元素都会执行这个函数，并把两个比较的数组元素作为参数传递给这个函数。当函数返回值为 1 的时候就交换两个数组元素的顺序，否则就不交换。如果调用该方法不指定排列顺序，JavaScript 语言会将数组元素转化为字符串，然后按照字母顺序进行排序。

【案例 3-13】数组元素的排序操作。

```
<html>
  <head>
    <title>3-13数组元素的排序操作</title>
    <script type="text/javascript">
      function printArray(arrayName) {
        var strArray = "";
        for(var i = 0; i < arrayName.length; i++){
          strArray += "myArray[" + i + "]=" + arrayName[i] + "    ";
        }
        console.log(strArray);
      }
      var myArray = new Array("First","Second","Third","Forth");
      console.log("原始数组：");
      printArray(myArray);
      console.log("逆序排列：");
      printArray(myArray.reverse());
      console.log("字母排列：");
      printArray(myArray.sort());
      var arrA = [2,4,3,6,5,1];
      function desc(x,y){ //自定义 sort()方法排序逻辑，降序
        if (x > y)
          return -1;
        if (x < y)
          return 1;
      }
```

```
        function asc(x,y){ //自定义 sort()方法排序逻辑，升序
          if (x > y)
            return 1;
          if (x < y)
            return -1;
        }
        console.log("升序排列: ");
        console.log(arrA.sort(asc));
        console.log("降序排列: ");
        console.log(arrA.sort(desc));
    </script>
  </head>
  <body>
  </body>
</html>
```

程序输出结果为：

```
原始数组：
myArray[0]=First      myArray[1]=Second      myArray[2]=Third      myArray[3]=Forth
逆序排列：
myArray[0]=Forth      myArray[1]=Third       myArray[2]=Second     myArray[3]=First
字母排列：
myArray[0]=First      myArray[1]=Forth       myArray[2]=Second     myArray[3]=Third
升序排列：
[1, 2, 3, 4, 5, 6]
降序排列：
[6, 5, 4, 3, 2, 1]
```

3.5 Set 和 Map 对象

1. Set 对象

ES6 提供了新的对象 Set，用来生成 Set 数据结构。它类似于数组，但是成员的值都是唯一的，没有重复的值。

表 3-6 列出了 Set 对象常用的属性和方法。

微课 3.5 Set 和
Map 对象

表 3-6 Set 对象常用属性和方法

类型	项目及语法	简要说明
属性	size	返回成员总数
方法	add(value)	添加某个值
	delete(value)	删除某个值，返回一个布尔值，表示删除是否成功
	has(value)	返回一个布尔值，表示该值是否为 Set 的成员
	clear()	清除所有成员

【案例 3-14】Set 的基本用法。

```
<html>
  <head>
```

```
    <title>3-14 Set 的基本用法</title>
    <script type="text/javascript">
      var num = new Set();
      num.add("1").add("2").add("2");
      console.log(num.size);
      console.log(num.has("1"));
      console.log(num.has("2"));
      console.log(num.has("3"));
      num.delete("1");
      console.log(num.has("1"));
    </script>
  </head>
  <body>
  </body>
</html>
```

代码运行结果为：

```
2
true
true
false
false
```

2. Map

ES6 还提供了 Map 对象，就是一个键值对的集合，但是键的范围不限于字符串，各种类型的值（包括对象）都可以当作键。

表 3-7 列出了 Map 对象常用的属性和方法。

表 3-7　Map 对象常用属性和方法

类型	项目及语法	简要说明
属性	size	返回成员总数
方法	set(key,value)	添加一个键值对
	get(key)	返回一个键对应的值
	has(key)	返回一个布尔值，表示某个键值对是否在 Map 中
	delete(key)	删除键对应的键值对
	clear()	清除所有成员

【案例 3-15】Map 的基本用法。

```
<html>
  <head>
    <title>3-15 Map 的基本用法</title>
    <script type="text/javascript">
      var m = new Map();
      m.set("str",5);        //键是字符串
      m.set(101,"javascript");    //键是数值
      m.set(undefined,"nah");    //键是 undefined
      console.log(m.has("str"));
      console.log(m.has(101));
```

```
        console.log(m.has(undefined));
        m.delete(undefined);
        console.log(m.has(undefined));
        console.log(m.get(101));
        var hi = function(){console.log("hi!")}
        m.set(hi,"hello world");    //键是函数
        console.log(m.get(hi));
        var obj = {name:"David"};
        m.set(obj,"title");          //键是对象
        console.log(m.get(obj));
    </script>
  </head>
  <body>
  </body>
</html>
```

代码运行结果为：

```
true
true
true
false
javascript
hello world
title
```

3.6　JSON 对象

3.6.1　JSON 对象格式

　　JSON（JavaScript Object Notation，JavaScript 对象表示法）是一种轻量级的数据交换格式，采用完全独立于编程语言的文本格式来存储和表示数据。JSON 数据可以在网络或者程序之间轻松地传递，并且可以在需要的时候调用相应的方法将它还原为各编程语言所支持的数据格式。

微课 3.6　JSON
对象

　　JSON 和 XML（eXtensible Markup Language，可扩展标记语言）类似，但比 XML 更轻量级、更易解析；JSON 表示的数据结构层次更清晰直观、可读性更好；JSON 所使用的字符比 XML 少，网络传输效率更高。

　　JSON 对象的格式在语法上与 JavaScript 对象的格式很相似，都是由一对花括号标注的键值对的集合。JSON 和 JavaScript 对象的区别是，JSON 的键名必须使用双引号，而 JavaScript 对象的属性名则不需要。JSON 对象的基本书写格式为：

```
{
  "名称 1": 值 1,
  …
  "名称 n": 值 n
}
```

例如，下面的 JSON 对象：

```
{"firstName":"Ning"}
{"firstName":"Ning","lastName":"Dong","email":"dong.ning@123.com"}
```

JSON 对象可以用来表示一系列的值，这些值可以以成员的形式包含在数组或对象中。具体可以有如下格式的值。

（1）简单值（JavaScript 中的 4 种基本类型，即字符串、数值、布尔和 null）。

（2）复合值（符合 JSON 格式要求的对象和数组）。

（3）数组或对象成员中的值，可以是简单值也可以是复合值。

（4）逗号不能加在数组和数值最后一个成员后面。

（5）字符型的值只能用双引号，不能用单引号。

（6）对象的属性（成员名）必须用双引号。

包含复合值的 JSON 对象可以用如下方式定义：

```
{
  "arr1":["one","two","three"],
  "obj1":{
      "one":1,
      "two":2,
      "three":3
  },
  "obj2":{
      "names":["Jack","John"]
  },
  "arr2":[{"name":"Jack"},{"name":"John"}]
}
```

3.6.2　JSON 对象的声明与转换

1．JSON 对象的声明

用户可以将一个 JSON 对象赋给一个变量，声明 JSON 对象的格式如下：

```
var 变量名 = { "名称1": 值1,…,"名称n": 值n};
```

例如，下面声明的 JSON 对象：

```
var person = '{"firstName":"Ning","lastName":"Dong",
                  "email":"dong.ning@123.com"}';
```

2．JSON 与 JavaScript 对象的相互转换

为了更方便地操作 JSON 数据，JavaScript 语言从 ECMAScript 5 开始新增了 JSON 对象。JSON 对象有两个方法用于 JSON 格式的数据的处理，分别是 JSON.parse()和 JSON.stringify()。

（1）JSON.parse()

JSON.parse()方法可以将 JSON 格式的数据转换成 JavaScript 对象，该方法可以接收一个 JSON 格式的数据作为输入参数，返回值为 JavaScript 对象。如果传入的参数不是一个有效的 JSON 格式数据，则该方法会返回异常。

【案例 3-16】JSON.parse()方法的使用。

```
<html>
  <head>
    <title>3-16 JSON.parse()方法的使用</title>
      <script type="text/javascript">
          var jsonValue =                 //字符串形式的 JSON 数据
          '{"firstName":"Ning","lastName":"Dong",
                                    "email":"dong.ning@123.com"}';
          try{     //转换为 JavaScript 对象
                  var jsonObj = JSON.parse(jsonValue);
                  console.log(jsonObj);
              }catch(e){
                  console.log(e);
              }
          var jsonValue =                 //字符串形式的 JSON 数据（错误格式）
          '{firstName:"Ning",lastName:"Dong",email:"dong.ning@123.com"}';
          try{
                  jsonObj = JSON.parse(jsonValue);
                  console.log(jsonObj);
              }catch(e){
                  console.log(e);
              }
      </script>
  </head>
  <body>
  </body>
</html>
```

程序输出结果为：

```
Object { firstName="Ning",  lastName="Dong",  email="dong.ning@123.com"}
SyntaxError: JSON.parse: expected property name or '}'
                      at line 1 column 2 of the JSON data
jsonObj = JSON.parse(jsonValue);
```

上述代码运行后第一个输出为通过 JSON.parse()方法解析后生成的 JavaScript 对象。
第二个输出为一个异常，因为第二次传入 JSON.parse()方法的参数并非正确格式的 JSON
字符串。

【案例 3-17】转换 JSON 数据为 JavaScript 对象。

```
<html>
  <head>
    <title>3-17 转换 JSON 数据为 JavaScript 对象</title>
      <script type="text/javascript">
        //声明 JSON 变量
        var json = '{"id": "001","name": "Jack","age": 20,"city": "武汉"}';
        //格式转换
        var person = JSON.parse(json);
        //遍历输出结果
        var k = 0;
        for(var item in person) {
            k++;
```

```
                console.log(item + ':' + person[item]);
        }
    </script>
  </head>
  <body>
  </body>
</html>
```

程序输出结果为：

```
id:001
name:Jack
age:20
city:武汉
```

（2）JSON.stringify()

JSON.stringify()方法可以将以参数传入的值转换成符合 JSON 格式的字符串。该方法返回的 JSON 格式的字符串可以被 JSON.parse()方法重新转换成 JavaScript 中的对象。

【案例 3-18】JSON. stringify()方法的使用。

```
<html>
  <head>
        <title>3-18 JSON.stringify()方法的使用</title>
        <script type="text/javascript">
            //值转换成 JSON 格式
            console.log(JSON.stringify("xyz"));
            console.log(JSON.stringify(1));
            console.log(JSON.stringify(true));
            console.log(JSON.stringify([]));
            console.log(JSON.stringify({}));
            console.log(JSON.stringify([1, "false", false]));
            console.log(JSON.stringify({ name: "dn" }));
            var s = JSON.stringify({        //函数等特殊对象的转换
                func: function(){},
                arr: [ function(){}, undefined ]
            });
            console.log(s);
            s = JSON.stringify({                //对象转换成 JSON 格式
                a:1,
                b:2
            });
            console.log(s);
    </script>
  </head>
  <body>
  </body>
</html>
```

程序输出结果为：

```
"xyz"
1
true
```

```
[]
{}
[1,"false",false]
{"name":"dn"}
{"arr":[null,null]}
{"a":1,"b":2}
```

上述代码中值得注意的是对象中的 undefined、函数和 XML 类型的属性在转换成 JSON 对象时会被忽略，如果这些类型的值出现在数组中则会被转换成 null。

3.7 RegExp 对象

RegExp 是 Regular Expression（正则表达式）的缩写，当检索某个文本时，可以使用一种模式来描述要检索的内容，RegExp 就是这种模式。简单的 RegExp 模式可以是一个单独的字符，更复杂的模式包括更多的字符，并可用于解析、格式检查、替换，还可规定字符串中的检索位置，以及要检索的字符类型等。RegExp 对象用于存储检索模式，它的作用是对字符串执行模式匹配。

微课 3.7
RegExp 对象

3.7.1 正则表达式

RegExp 对象用于存储检索模式，创建 RegExp 对象的语法格式如下：

```
var myPattern = new RegExp(pattern, attributes); //构造函数方式
var myPattern = /pattern/ attributes;            //字面量方式
```

上述语法格式说明如下。

参数 pattern 可以是一个字符串，也可以是一个表达式，是由元字符和文本字符组成的正则表达式模式文本。元字符是具有特殊含义的字符，如"^"". ""*"等；文本字符就是指普通的文本，如字符和数字等。

参数 attributes 是模式修饰符，是可选的，用于进一步对正则表达式进行设置。可选值包含"g""i"和"m"，分别用于指定全局匹配、不区分大小写的匹配和多行匹配。

RegExp() 返回一个新的 RegExp 对象的实例，具有指定的模式和标志。如果参数 pattern 是正则表达式而不是字符串，那么 RegExp() 构造函数将用与指定的正则表达式相同的模式和标志创建一个新的 RegExp 对象。如果不用 new 运算符，而将 RegExp() 作为函数调用，那么它的行为与用 new 运算符调用时一样，只是当 pattern 是正则表达式时，它只返回 pattern，而不再创建一个新的 RegExp 对象。

例如下面的实例：

```
var pattern = new RegExp("JS","g");
var pattern = new RegExp("\\d{2}");
var pattern = / Vue /ig;
var pattern = / \d{3}/g;
```

表 3-8 列出了 RegExp 对象常用的模式修饰符、属性、方法。

表 3-8 RegExp 对象常用模式修饰符、属性、方法

类型	项目及语法	简要说明
模式修饰符	i	执行对大小写不敏感的匹配
	g	执行全局匹配（查找所有匹配而非在找到第一个匹配后停止）
	m	执行多行匹配
属性	global	RegExp 对象是否具有模式修饰符 g
	ignoreCase	RegExp 对象是否具有模式修饰符 i
	lastIndex	一个整数，标示开始下一次匹配的字符位置
	multiline	RegExp 对象是否具有模式修饰符 m
	source	正则表达式的源文本
方法	compile()	编译正则表达式
	exec()	检索字符串中指定的值。返回找到的值，并确定其位置
	test()	检索字符串中指定的值。返回 true 或 false

3.7.2 字符串模式匹配

RegExp 对象提供了 exec()和 test()方法，使用这两个方法可以实现模式匹配。

【案例 3-19】RegExp 对象的方法使用。

```html
<html>
  <head>
    <title>3-19 RegExp对象的方法使用</title>
  </head>
    <script type="text/javascript">
    var str = "The best things in life are free.";
    var ptnSearch1 = new RegExp("f");
    console.log("字符串: " + str);
    console.log("检索该字符串中是否存在字母f: " + ptnSearch1.test(str));
    ptnSearch1.compile("d");      //改变检索模式
    console.log("检索该字符串中是否存在字母d: " + ptnSearch1.test(str));
    var ptnSearch2 = new RegExp("e","g");
    var result = "";
    for(;;){
      var temp = ptnSearch2.exec(str);
      if(temp == null)    break;
      result += temp + " ";
    }
    console.log("检索该字符串中所有字母e并输出: " + result);
    </script>
  <body>
  </body>
</html>
```

程序输出结果为:

字符串: The best things in life are free.
检索该字符串中是否存在字母 f: true
检索该字符串中是否存在字母 d: false
检索该字符串中所有字母 e 并输出: e e e e e

本例的代码中首先使用 test()方法检索字符串中的指定值,然后使用 compile()改变检索模式,由于字符串中存在“f”,而没有“d”,因此两次检索的输出结果分别为 true 和 false。最后使用 exec()方法检索字符串中的指定值,返回值是被找到的值,如果没有发现匹配值,则返回 null。如果需要找到某个字符(如“e”)的所有存在,则可以向 RegExp 对象添加第二个参数“g”(global)。在使用“g”参数时,exec()的工作原理如下:找到第一个“e”,并存储其位置;如果再次运行 exec(),则从存储的位置开始检索,并找到下一个“e”,存储其位置。因此,代码的输出是这个字符串中的 6 个“e”字母。

除了上面的方法,我们还可以使用 String 对象的一些方法来进行模式匹配。

【案例 3-20】使用 String 对象的方法进行模式匹配。

```html
<html>
  <head>
    <title>3-20 使用 String 对象的方法进行模式匹配</title>
  </head>
  <body>
    <script type = "text/javascript">
    var str = "5 square is 25.";
    // match()返回匹配到的结果
    console.log("/\\d/g 的匹配结果是: " + str.match(/\d/g));
    // search()返回匹配成功的位置,匹配失败返回-1
    console.log("/is/i 的匹配结果是: " + str.search(/is/i));
    // replace()替换匹配的内容,并返回新的字符串
    console.log("替换后的字符串是: " + str.replace (/is/,'equal to'));
    </script>
  </body>
</html>
```

程序输出结果为:

/\d/g 的匹配结果是: 5,2,5
/is/i 的匹配结果是: 9
替换后的字符串是: 5 square equal to 25.

3.7.3 使用 RegExp 对象检测数据有效性

用户在提交表单时常常需要对用户输入的信息进行校验,使用 RegExp 对象可以实现检测数据的有效性这一功能。

【案例 3-21】校验手机号码。

```html
<html>
  <head>
```

```
    <title>3-21 校验手机号码</title>
  </head>
  <body>
    <input type="text"  placeholder="请输入手机号码！" id="mobile" >
    <button id="btn">校验手机号码</button>
    <script type="text/javascript">
      document.getElementById('btn').onclick = function() {
        var mobile = document.getElementById('mobile').value;
        var myreg = /^1[3|4|5|7|8]\d{9}$/;
        if(!myreg.test(mobile)) {
          alert('请输入有效的手机号码！');
          return false;
        }
      }
    </script>
  </body>
</html>
```

上面的代码中定义了手机号码格式的正则表达式，要求以数字 1 开头，第二位数字必须是 3、4、5、7、8，后面还有 9 位任意数字。当文本框输入为空、输入数字不等于 11 位，或不匹配正则表达式，都会弹出提示框提示"请输入有效的手机号码！"。

3.8 Math 对象

Math 对象在 JavaScript 语言中属于抽象对象，即 Math 对象并不像 Date 和 String 那样可以实例化为具体的对象实例，因此 Math 对象没有构造函数。在使用 Math 对象时，无须创建它的实例，通过对象名 Math 就可以直接调用其所有属性和方法。例如：

```
var a = Math.E;
var b = Math.abs(value);
```

第一行代码将自然对数的底数赋值给了变量 a；第二行代码将 value 取绝对值并赋值给了变量 b。表 3-9 列出了 Math 对象的常用属性和方法。

表 3-9 Math 对象常用属性和方法

类型	项目及语法	简要说明
属性	E	返回算术常量 e，即自然对数的底数（约等于 2.718）
	LN2	返回 2 的自然对数（约等于 0.693）
	LN10	返回 10 的自然对数（约等于 2.302）
	LOG2E	返回以 2 为底的 e 的对数（约等于 1.442）
	LOG10E	返回以 10 为底的 e 的对数（约等于 0.434）
	PI	返回圆周率（约等于 3.14159）
	SQRT1_2	返回 2 的平方根的倒数（约等于 0.707）
	SQRT2	返回 2 的平方根（约等于 1.414）
方法	abs(x)	返回 x 的绝对值

类型	项目及语法	简要说明
方法	acos(x)	返回 x 的反余弦值
	asin(x)	返回 x 的反正弦值
	atan(x)	以 $-\pi/2 \sim \pi/2$ 的数值来返回 x 的反正切值
	atan2(y,x)	返回从原点（0,0）到（x, y）点的线段与 x 轴正方向之间的平面角度（弧度值），y 坐标作为第一个参数传递，x 坐标作为第二个参数传递
	ceil(x)	对 x 进行上舍入
	cos(x)	返回 x 的余弦值
	exp(x)	返回 e 的指数
	floor(x)	对 x 进行下舍入
	log(x)	返回 x 的自然对数（底数为 e）
	max(x,y)	返回 x 和 y 中的最大值
	min(x,y)	返回 x 和 y 中的最小值
	pow(x,y)	返回 x 的 y 次幂
	random()	返回 0～1 之间的随机数
	round(x)	把 x 四舍五入为最接近的整数
	sin(x)	返回 x 的正弦值
	sqrt(x)	返回数的平方根
	tan(x)	返回角的正切值
	toSource()	返回表示对象源代码的字符串
	valueOf()	返回 Math 对象的原始值

【案例 3-22】蒙特卡洛方法推算圆周率。

```html
<html>
  <head>
    <title>3-22 蒙特卡洛方法推算圆周率</title>
    <script type="text/javascript">
    //r 表示半径，dx 表示半径的分割
    var r = 1, dx = 0.00000001, upperLimit = r;
    //计算对应 y 值
    function y (x) {
      return Math.sqrt(r * r - x * x);
    }
    //推算圆的面积再推算圆周率
    function main () {
        //表示半个圆的面积
        var s = 0;
        //推算半个圆的面积
        for (var x = -r; x < upperLimit; x += dx) {
            s += dx * y(x);
        }
        //推算圆周率
        var pi = (s * 2) / (r * r);
```

```
            console.log("圆周率推算值: " + pi);
            console.log("圆周率实际值: " + Math.PI);
        }
        //执行 main 方法
        main();
    </script>
  </head>
  <body>
  </body>
</html>
```

程序输出结果为：

```
圆周率推算值: 3.1415926482619345
圆周率实际值: 3.141592653589793
```

上述案例使用蒙特卡洛方法推算圆周率的值，在代码中使用了 Math.sqrt()方法计算平方根，使用了 Math.PI 属性获取实际圆周率的值做对比。

3.9 Object 对象

所有的 JavaScript 对象都继承自 Object 对象，后者为前者提供基本的属性（如 prototype 属性等）和方法（如 toString()方法等）。而前者也在这些属性和方法基础上进行扩展，以支持特定的某些操作。

Object 对象的实例构造方法如下：

```
var myObject = new Object(value);
```

微课 3.9　Object
对象

上述语句构造了 Object 对象的实例 myObject，Object 对象构造方法获取的参数 value 用于初始化对象实例，创建出的对象实例 myObject 能继承 Object 对象的属性和方法。参数 value 为要转为对象的数字、布尔值或字符串，此参数可选，若无此参数，则构建一个未定义属性的新对象。

JavaScript 语言支持另外一种构造 Object 对象实例的方法：

```
var myObject={name1:value1,name2:value2,...,nameN:valueN};
```

该方法构造一个新对象，并使用指定的 name1,name2,...,nameN 指定其属性列表，使用 value1,value2,...,valueN 初始化该属性列表。

表 3-10 列出了 Object 对象常用的属性和方法。

表 3-10　Object 对象常用的属性和方法

类型	项目及语法	简要说明
属性	constructor	指定对象的构造函数
	prototype	允许在 Object 对象中增加新的属性和方法
方法	eval()	通过当前对象执行一个表示 JavaScript 脚本代码的字符串
	toSource()	返回表示对象源代码的字符串
	toString()	返回表示对象的字符串
	valueOf()	返回目标对象的值

【**案例 3-23**】创建 Object 对象的实例。

```html
<html>
  <head>
    <title>3-23 创建 Object 对象的实例</title>
    <script type="text/javascript">
      var person1 = new Object();
      person1.name = "David";
      person1.sex = "male";
      person1.age = 18;
      console.log("type of person1: " + typeof(person1));
      console.log("person1: " + person1.name + "," + person1.sex + ","
                               + person1.age);
      var person2 = {
        name: "Marry",
        sex: "female",
        age: "16"
      };
      console.log("type of person2: " + typeof(person2));
      console.log("person2: " + person2.name + "," + person2.sex + ","
                               + person2.age);
    </script>
  </head>
  <body>
  </body>
</html>
```

程序输出结果为：

```
type of person1: object
person1: David,male,18
type of person2: object
person2: Marry,female,16
```

由程序输出结果可知，这两种构造 Object 对象实例的方法得到的结果相同，相比较而言，第一种方法结构清晰、层次感强，而第二种方法代码简单、编程效率高。

3.10 Error 对象

通过 Error 构造器可以创建 Error 对象的实例，即错误对象。当有错误产生时，这个对象会被抛出。Error 对象也可用作用户自定义的异常的基础对象。Error 对象的实例构造方法如下：

```
var newErrorObj = new Error(message, fileName, lineNumber);
```

其中参数 message 是可选的错误描述信息，fileName 是可选的被创建的 Error 对象的 fileName 属性值，默认是调用 Error 构造器代码所在的文件的名字。lineNumber 是可选的被创建的 Error 对象的 lineNumber 属性值，默认是调用 Error 构造器代码所在的文件的行号。

微课 3.10 Error
对象

每当有错误产生时，就产生 Error 对象的一个实例以描述错误。该实例有 3 个固有属性：name 属性（保存错误的名称）、message 属性（描述）和 number 属性（错误号）。错误号是 32 位的值，高 16 位字是设备代码，而低 16 位字是实际的错误代码。

Error 对象可以用如上所示的语法显式创建，或用 throw 语句抛出。在两种情况下，都可以添加选择的任何属性，以拓展 Error 对象的能力。案例 3-24 在 try...catch 语句中引发了异常，隐式创建的 Error 对象实例被传递到变量 e 中，因此，可以通过变量 e 的属性查看错误号和描述。

Error 对象没有方法。

【案例 3-24】隐式创建 Error 对象的使用。

```html
<html>
  <head>
    <title>3-24 隐式创建 Error 对象的使用</title>
    <script type="text/javascript">
      try{
        x = y;
      }catch(e){
        console.log(e.toString());
        console.log(e.number&0xffff);
        console.log(e.name + ':' + e.message);
      }
    </script>
  </head>
  <body>
  </body>
</html>
```

程序输出结果为：

```
ReferenceError: y is not defined
0
ReferenceError: y is not defined
```

上面的代码中，执行 try 中的语句块"x=y;"时隐式创建了一个 Error 对象的实例并抛出，catch 语句接收的参数 e 就是这个 Error 对象。

【案例 3-25】显式创建 Error 对象的使用。

```html
<html>
  <head>
    <title>3-25 显式创建 Error 对象的使用</title>
    <script type="text/javascript">
      try{
        var num = 1/0;
        if (num == 'Infinity'){
          throw new Error('除数不能为零');
        }
```

```
        }catch(e){
          console.log(e.name + ':' + e.message);
        }finally{
          console.log('结束');
        }
   </script>
   </head>
   <body>
   </body>
</html>
```

程序输出结果为：

```
Error:除数不能为零
结束
```

上面的代码中，当 try 语句块中的 num 的值为 Infinity 时，显式创建一个 Error 对象的实例并通过 throw 语句抛出，catch 语句接收的参数 e 就是这个 Error 对象。

本章小结

本章主要介绍了 JavaScript 语言中的一些常用对象以及这些对象的属性和方法，还介绍了如何自定义对象并创建对象实例。

习　题

3-1　使用 String 对象的 indexOf()方法来定位字符串中某一个指定的字符首次出现的位置。

3-2　使用 Array 对象的 join()方法将数组的所有元素组成一个字符串。

3-3　使用 Date 对象的 getDay()方法来显示星期几，而不仅仅是数字。

3-4　使用 JSON 对象将当前的日期时间转换成 JSON 格式的字符串并在控制台输出。

3-5　练习使用多种不同的方法来创建自定义对象。

综合实训

目标

利用本章所学知识，模拟生成某电商平台的 A 和 B 两种商品的月销售额数据，并计算每种商品每周的日均销售额和一个月的日均销售额，最后在 Firefox 浏览器的控制台分组输出数据。

准备工作

在进行本实训前，必须学习完本章的全部内容，并掌握 Console、Math 和 Date 对象的使用方法。

实训预估时间：90min

创建两个二维数组，存放商品 A 和商品 B 某月（按 4 周计算）每一周和每一天的销售额，使用 Math 对象的 random()方法生成[0,10000]内的随机数以填充数组。

统计商品 A 的每周日均销售额和一个月的日均销售额，作为第一个分组输出。统计商品 B 的每周日均销售额和一个月的日均销售额，作为第二个分组输出。

示例运行结果如图 3-1 所示（数值不唯一）。

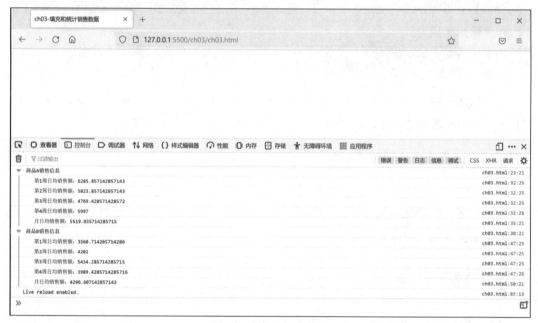

图 3-1　示例运行结果

第4章
文档对象模型（DOM）

04

本章导读

  文档对象模型（Document Object Model，DOM）是万维网联盟（World Wide Web Consortium，W3C）组织推荐的处理 XML 的标准编程接口。它是一种与平台和语言无关的应用程序接口（Application Programming Interface，API），可以动态地访问程序和脚本，更新其内容、结构和 WWW 文档的风格。本章将针对如何在 JavaScript 中进行 DOM 操作进行详细介绍。

本章要点

- DOM 的概念
- DOM 树的结构
- DOM 中元素的操作
- DOM 中属性的操作

4.1 DOM 基础

通过在 Web 页面中使用 JavaScript 语言，用户可以控制整个 HTML 文档，可以添加、移除、改变或重排页面上的项目。要实现上述功能，JavaScript 语言需要调用对 HTML 文档中所有元素进行访问的接口。通过这个接口，用户可以对 HTML 页面元素进行添加、移除、改变或重排，DOM 就是浏览器提供的这样一个接口。

微课 4.1　DOM 基础

4.1.1　DOM 简介

浏览器载入页面时会通过 HTML 解析器将页面转换为对象模型的集合，集合中的对象模型可以通过 DOM 访问到，浏览器本身也是通过 DOM 获取集合中的对象模型来实现 HTML 页面显示的。通过 DOM 接口，JavaScript 可以在任意时间访问 HTML 文档中的任意数据，因此，利用 DOM 接口可以无限制地操作 HTML 页面。

DOM 接口提供了一种通过分层对象模型来访问 HTML 页面的方式，这种分层对象模型是依据 HTML 文档的结构生成的一棵节点（Node）树，即 DOM 强制使用树模型来访问 HTML 页面中的元素。由于 HTML 页面本质上就是一种分层结构，因此这种访问方法是相当有效的。

对于 HTML 页面开发来说，DOM 就是一个对象化的 HTML 数据接口，一个与语言无关、与平台无关的标准接口规范。DOM 定义了 HTML 文档的逻辑结构，给出了一种访问和处理 HTML 文档的方法。利用 DOM，开发人员可以动态地创建文档，遍历文档结构，添加、修改、删除文档内容，改变文档的显示方式等。可以理解为 HTML 文档代表的是页面，而 DOM 则代表了如何去操作页面。无论是在浏览器内还是在浏览器外，无论是在服务器上还是在客户端中，只要有用到 HTML 文档的地方，就会遇到使用 DOM 的情况。

DOM 规范与 Web 世界的其他标准一样受到 W3C 组织的管理，在 W3C 的控制下，DOM 规范为不同平台和语言使用 DOM 提供一致的 API，W3C 把 DOM 定义为一套抽象的类而非正式实现。目前，DOM 由三大部分组成，包括：核心（Core）、HTML 接口和 XML 接口。核心部分是结构化文档比较底层对象的集合，这一部分所定义的对象已经完全可以表示出任何 HTML 文档和 XML 文档中的数据。HTML 接口和 XML 接口两部分则是专为操作具体的 HTML 文档和 XML 文档所提供的高级接口，以便操作这两类文档。

4.1.2　DOM 树的结构

4.1.1 小节讲过，DOM 为用户提供的访问文档信息的媒介是一种分层对象模型，而这个层次的结构，则是一棵根据文档生成的节点树，即 DOM 树。在对文档进行分析之后，不管这个文档有多简单或者多复杂，其中的信息都会被转化成一棵对象节点树。在这棵节点树中，有一个根节点，即 Document 节点，所有其他的节点都是根节点的后代节点。节点树生成之后，就可以通过 DOM 接口访问、修改、添加、删除、创建树中的节点和内容。

DOM 把文档表示为对象节点树。树结构在数据结构中被定义为一套互相联系的对象的集合，或者称为节点的集合，其中一个节点作为树结构的根（Root）。节点被冠以相应的名称以对应它们在树中相对其他节点的位置。例如，某一节点的父节点就是树结构中比它高一级别的节点（更靠近根节点），而其子节点则比它低一级别；兄弟节点显然就是树结构中与它同一级别的节点，不在它的左边就在它的右边。

DOM 的逻辑结构可以用节点树的形式进行表述。浏览器通过对 HTML 文档进行解析处理，使 HTML 文档中的元素转化为 DOM 中的节点对象。

DOM 中的节点有 Document、Element、Comment、Type 等不同类型，其中每一棵 DOM 树必须有一个 Document 节点，并且为该树的根节点。它可以有子节点，如 Text 节点、Comment 节点等。

具体来讲，DOM 树中的节点有元素节点（Element Node）、文本节点（Text Node）和属性节点（Attribute Node）3 种不同的类型，下面具体介绍。

1. 元素节点

在 HTML 文档中，各种 HTML 标签（如 body、p、ul 等）构成 DOM 的一个个元素对象。在节点树中，每个元素对象又构成一个节点，即元素节点。一个元素节点可以包含其他的元素节点，例如在下面的 purchases 代码中：

```
<ul id="purchases">
  <li>Beans</li>
  <li>Cheese</li>
  <li>Milk</li>
</ul>
```

所有的列表元素 li 都包含在无序列表元素 ul 内部。

2. 文本节点

在节点树中，元素节点构成树的枝条，而文本节点则构成树的叶子。如果一份文档完全由空白元素构成，它将只有一个框架，本身并不包含什么内容，没有内容的文档是没有价值的。页面中绝大多数内容由文本提供，例如：

```
<p>Welcome to<em>DOM</em>World!</p>
```

上面的语句中包含"Welcome to""DOM""World!"3 个文本节点。在 HTML 文档中，文本节点总是包含在元素节点的内部，但并非所有的元素节点都包含或直接包含文本节点，如"purchases"中，ul 元素节点并不包含任何文本节点，而是包含着另外的元素节点，后者包含着文本节点，所以说，有的元素节点可以间接包含文本节点，也有的元素节点可以直接包含文本节点。

3. 属性节点

HTML 文档中的元素或多或少都有一些属性，以便于准确、具体地描述相应的元素和进行进一步的操作，例如：

```
<h1 class="Sample">Welcome to DOM World! </h1>
<ul id="purchases">…</ul>
```

这里的"class="Sample""id="purchases""都属于属性节点。因为所有的属性都是放在标签里的，所以属性节点总是包含在元素节点中。

注意：并非所有的元素节点都包含属性节点，但所有的属性节点都被包含在元素节点中。

任何格式良好的 HTML 文档中的每一个元素均有 DOM 中的一个节点类型与之对应。利用 DOM 接口获取 HTML 文档对应的 DOM 后，就可以自由地操作 HTML 文档了。

下面以案例 4-1 来说明 DOM 树的结构。

【案例 4-1】DOM 树结构。

```html
<html>
  <head>
    <title>4-1 DOM 树结构</title>
  </head>
  <body>
    <a href=" ">我的链接</a>
    <h1>我的标题</h1>
  </body>
</html>
```

用 DOM 树来表示上面这段代码，如图 4-1 所示。

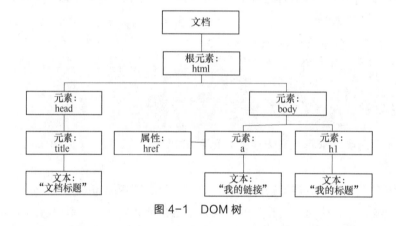

图 4-1　DOM 树

图 4-1 中所有的节点彼此间都存在关系。

除文档节点之外的每个节点都有父节点。例如，head 和 body 的父节点是 html 节点，文本节点"我的标题"的父节点是 h1 节点。

大部分元素节点都有子节点。例如，head 节点有一个子节点，即元素节点 title；title 节点也有一个子节点，即文本节点"文档标题"。

当节点有同一个父节点时，它们就是兄弟（同级）节点。例如，h1 和 a 是兄弟节点，因为它们的父节点均是 body 节点。

节点也可以拥有后代，后代指某个节点的所有子节点，或者这些子节点的子节点，以此类推。例如，所有的文本节点都是 html 节点的后代，而文本节点"文档标题"是 head 节点的后代。

节点也可以拥有先辈。先辈是指某个节点的父节点，或者父节点的父节点，以此类推。例如，所有的文本节点都可以把 html 节点作为先辈节点。

4.1.3　document 对象

每个被浏览器载入的 HTML 文档都会成为 document 对象（即该 HTML 页面对应的 DOM）。document 对象使得用户可以通过 JavaScript 对 HTML 页面中的所有元素进行访问。document 对象是 window 对象的一个属性，可通过 window.document 属性对其进行访问，引用它时，可以省略 window 前缀。

document 对象代表一个浏览器窗口或框架中显示的 HTML 文档。浏览器在加载 HTML 文档时，为每一个 HTML 文档创建相应的 document 对象。document 对象拥有大量的属性和方法，结合了大量子对象，如图像对象、超链接对象、表单对象等。这些子对象可以控制 HTML 文档中的对应元素，使用户可以通过 JavaScript 对 HTML 页面中的所有元素进行访问。

通过 document 对象可以访问页面中的全部元素，也可以添加新元素、删除存在的元素。document 对象的属性如表 4-1 所示。

表 4-1　document 对象的属性

属性	作用
document.title	设置文档标题，等价于 HTML 文档中的 title 标签
document.bgColor	设置页面背景色
document.fgColor	设置前景色（文本颜色）
document.linkColor	未单击过的链接颜色
document.alinkColor	激活链接（焦点在此链接上）的颜色
document.vlinkColor	已单击过的链接颜色
document.URL	设置 URL 属性，从而在同一窗口打开另一网页
document.fileCreatedDate	文件建立日期，只读属性
document.fileModifiedDate	文件修改日期，只读属性
document.fileSize	文件大小，只读属性
document.cookie	设置和读出 cookie
document.charset	设置字符集

在处理文档时，函数和属性可以用来获取元素信息，常用的函数和属性如下。

- document.write()：动态向页面写入内容。
- document.createElement(Tag)：创建一个 HTML 文档标签对象。
- document.getElementById(id)：获得指定 id 的对象。
- document.getElementsByName(Name)：获得指定 Name 的对象集合。
- childNodes：是元素节点对象的一个属性，可以获取元素节点的所有直接子节点。

下面是 childNodes 属性的使用案例。

【案例 4-2】childNodes 属性的使用。

```
<html>
  <head>
```

```
    <title>4-2 Child Nodes 属性的使用</title>
    <script type="text/javascript">
      function getElements() {
        var mainContent = document.getElementById("main");
        mainContent.style.backgroundColor = '#FF0000';
        var paragraphs = document.getElementsByTagName("p");
        for (i = 0; i < paragraphs.length; i++) {
          paragraphs[i].style.fontSize = '2em';
        }
        var elements = document.getElementsByTagName("body")[0].childNodes;
        for (i = 0; i < elements.length; i++) {
          if (elements[i].nodeType == 1 && elements[i].id)
            alert(elements[i].id);
        }
      }
    </script>
  </head>
  <body>
    <div id="main">
      <p class="intro">Welcome to my web site</p>
      <p>We sell all the widgets you need.</p>
    </div>
    <div id="footer">
      Copyright 2006 Example Corp, Inc.
    </div>
    <input type="button" onclick="getElements()" value="执行" />
  </body>
</html>
```

在案例 4-2 中，首先获取了 id 为 main 的 div 元素节点，其次将背景色改成红色；然后获取所有的 p 元素节点，通过遍历，把所有的字体大小都改成 2em；最后遍历 body 元素的所有节点，通过对话框把每个元素节点的 id 依次显示出来。

document 对象还有下面几个常用的方法和属性。

- document.open()：打开一个输出流，以收集来自任何 document.write()或 document.writeln()方法的输出。

- document.close()：关闭用 document.open()方法打开的输出流，并显示选定的数据。

- document.write()：向文档写 HTML 代码或 JavaScript 代码。

- document.writeln()：等同于 document.write()方法，不同的是其在每个表达式之后写一个换行符。

- title：该属性可以引用或设置页面中 title 标签内的内容。

其用法如下：

```
document.title = "new title";        //修改文档标题
document.open();                     //开启文档
document.write("some words");        //写入数据
document.writeln("some words");      //写入数据并换行
document.close();                    //关闭文档
```

【案例 4-3】document 对象的方法的使用。

```html
<html>
  <head>
    <title>4-3document 对象的方法的使用</title>
    <script type="text/javascript">
     function Greeting() {
        var newWin = window.open();
        //获得 id 为 "name" 的 DOM 元素
        var name = document.getElementById("name");
        with (newWin.document) {
          //通常这里的 open() 可以省略，在执行 write() 前浏览器自动执行
          //document.open() 的动作
          open();
          write("hello," + name.value +
            "<br/>Nice to see you! <br/>some notes for you:" +
            "<br/><textarea>here is some message...</textarea>" +
            "<br/><button onclick='self.close()'>Good bye!</button>");
          close();
        }
     }
    </script>
  </head>
  <body>
    输入你的姓名: <input type="text" id="name" />
    <button onclick="Greeting()">Greeting</button>
  </body>
</html>
```

单击上述页面中的按钮后将打开一个新的页面，并用 document.write() 方法向新的页面中写入 HTML 代码。

4.2 获取特定 DOM 元素

在开发中，想要操作页面上的某部分（显示、隐藏、移动、改变颜色或改变大小等），需要先获取到该部分对应的元素，才能进行后续操作。使用 document 对象和元素节点调用一些方法可以获取 HTML 文档的元素，而使用节点的相关属性则可以进而获取特定的节点，例如子节点、兄弟节点、父节点等。

微课 4.2 获取
特定 DOM 元素

在 HTML DOM 中，常用于获取 DOM 元素的方式主要有以下 5 种。

（1）根据 id 获取元素

```javascript
var div = document.getElementById('main');
console.log(div);
```

获取到的数据类型为 HTMLDivElement，元素都是有类型的。

注意：由于 id 具有唯一性，部分浏览器支持直接使用 id 访问元素，但这不是标准方式，不推荐使用。

（2）根据标签名获取元素

```
var divs = document.getElementsByTagName('div');
for (var i = 0; i < divs.length; i++) {
  var div = divs[i];
  console.log(div);
}
```

（3）根据 name 获取元素

```
var inputs = document.getElementsByName('hobby');
for (var i = 0; i < inputs.length; i++) {
  var input = inputs[i];
  console.log(input);
}
```

（4）根据类名获取元素

```
var mains = document.getElementsByClassName('main');
for (var i = 0; i < mains.length; i++) {
  var main = mains[i];
  console.log(main);
}
```

（5）根据选择器获取元素

如 querySelector()、querySelectorAll()。

```
var el = document.querySelector('.elclass');
console.log(el);
var elementList = document.querySelectorAll('.myclass');
for (var i = 0; i < elementList.length; i++) {
  var element = elementList [i];
  console.log(element);
}
```

下面通过案例 4-4 来演示使用这些方式获取 DOM 元素的用法。

【案例 4-4】获取 DOM 元素的综合案例。

```
<html>
<head>
  <meta charset="UTF-8">
  <title>4-4 获取 DOM 元素的综合案例</title>
  <script>
    window.onload = function(){
          var dDIV = document.getElementById("main");   //根据 id 获取元素
          var dH = document.getElementsByTagName("h2")[0];
                          //根据标签名获取元素
          var dCl = document.getElementsByClassName("con")[0];
                          //根据类名获取元素
          var dName = document.getElementsByName("inp")[0];
                          //根据 name 获取元素
          var dP = document.querySelector("p");//根据选择器获取元素
          alert("获取的元素的标签分别是: \n" + dDIV.tagName + "," + dH.tagName
          + "," + dCl.tagName + "," + dName.tagName + "," + dP.tagName);
    }
  </script>
</head>
```

```
<body>
  <div class="con">hello</div>
  <div id="main">world</div>
  <h2>title</h2>
  <p>p1</p>
  <p>p2</p>
  input:<input type="text" name="inp">
</body>
</html>
```

运行结果如图 4-2 所示。

图 4-2　案例 4-4 运行结果

通过元素节点的 id，可以准确获得需要的元素节点，这是比较简单、快捷的方法。如果页面中含有多个相同 id 的元素节点，那么只返回第一个元素节点。需要操作 HTML 文档中的某个特定的元素时，可以给该元素添加一个 id 属性，为它指定一个（在文档中）唯一的名称，然后就可以用该 id 查找想要的元素节点。

getElementsByName()方法与 getElementById()方法类似，但是它查询的是元素的 name 属性，而不是 id 属性。因为一个文档中的 name 属性可能不唯一（如 HTML 表单中的单选按钮通常具有相同的 name 属性），所以 getElementsByName()方法返回的是元素节点的数组，而不是一个元素节点。因此，用户可以通过所要获取节点的某个属性来循环判断当前节点是否为需要的节点。所以在案例 4-4 中，通过"getElementsByName("inp")[0]"访问了第一个元素。同样，getElementsByClassName()和 getElementsByTagName()也是获取的所有元素的数组结果，也用索引访问了第一个元素。

getElementById()和 getElementsByTagName()这两种方法，可查找整个 HTML 文档中的任何 HTML 元素。但这两种方法会忽略文档的结构，假如需要查找文档中所有的 p 元素，getElementsByTagName()会把它们全部找到，不管 p 元素处于文档中的哪个层次。同时，getElementById() 方法也会返回正确的元素节点，不论它被隐藏在文档结构中的什么位置。例如 document.getElementsByTagName("p")会返回文档中所有 p 元素的一个节点数组。而 document.getElementById("maindiv").getElementsByTagName("p")会返回所有 p 元素的一个节点列表，且这些 p 元素必须是 id 为 maindiv 的元素的后代。

4.3　处理元素属性

除了获取元素内容，获取和设置元素的属性值也是经常进行的操作。一般来说，浏览器在解析 HTML 页面时，元素具有的属性列表是与元素本

微课 4.3　处理
元素属性

身表示的信息一起预载入的，并存储在一个关联数组中供稍后访问。例如下面的 HTML 代码片段：

```
<form name="myForm" action="/test.cgi" method="POST">...</form>
```

一旦它被解析为 DOM，HTML 表单元素（变量 formElem）将拥有一个关联数组，可以从中获取键值对。这一结果类似于以下形式：

```
formElem.attributes = {
  name: "myForm",
  action: "/test.cgi",
  method: "POST"
};
```

处理元素属性有很多方法，其中有两个获取和设置属性的方法：getAttribute() 和 setAttribute()。

如果需要获取某一 id 属性值为 everywhere 的元素的 value 属性的值，则可以使用如下代码实现：

```
var txt = getElementById("everywhere").getAttribute("value")
```

如果需要设置某一文本框元素的 value 属性的值，则可以使用如下代码实现：

```
getElementsByTagName("input")[0].setAttribute("value","Your Name");
```

4.3.1　style 属性

DOM 中每个元素都有一个 style 属性，用来实时改变元素的样式。所有的 CSS 样式都可以使用 style 属性来调整，包括背景边框和边距、布局、列表、定位、输出、滚动条、表格、文本等。下面的代码可以设置元素的 style 属性：

```
element.style.height = '100px'; //设置高度为 100px（像素）
element.style.display = 'none'; //将元素隐藏起来
```

JavaScript 不允许在方法和属性名中使用"-"，所以去掉了 CSS 中的"-"，并将首字母大写。代码如下：

```
element.style.backgroundColor = '#FF0000'; //设置背景色为红色
element.style.borderWidth = '2px'; //设置边框宽度为 2px
```

也可以使用下面的形式简写 style 属性：

```
element.style.border = '1px solid blue'; //设置边框样式
element.style.background = 'red url(image.gif) no-repeat 0 0'; //设置背景
```

案例 4-5 演示了 style 属性的使用。

【案例 4-5】style 属性设置隔行变色效果。

```
<!DOCTYPE html>
<html>
<head>
  <title>4-5 style 属性设置隔行变色效果</title>
</head>
<body>
  <ul id="mv">
```

```
      <li>第一组</li>
      …
      <li>第五组</li>
   </ul>
   <script>
      //隔行变色，获取到所有的 li，判断奇数行和偶数行
      var mv = document.getElementById('mv');
      var lists = mv.getElementsByTagName('li');
      for (var i = 0; i < lists.length; i++) {
        var li = lists[i];
        if (i % 2 === 0) {// 判断当前的 li 是奇数行还是偶数行
          //i 是偶数，但是当前是奇数行，设置奇数行的背景色
          li.style.backgroundColor = 'red';
        } else {//设置偶数行的背景色
          li.style.backgroundColor = 'green';
        }
      }
      //鼠标指针放上时高亮显示，给所有的 li 绑定鼠标指针经过和鼠标指针离开这两个事件
      for (var i = 0; i < lists.length; i++) {
        var li = lists[i];
         var bg;
         li.onmouseover = function () {
            //鼠标指针放到 li 上的时候，应该记录 li 当前的背景色
            bg = this.style.backgroundColor;
            this.style.backgroundColor = 'yellow';
         }
         li.onmouseout = function () {
            //鼠标指针离开 li，还原为原来的背景色
            this.style.backgroundColor = bg;
         }
      }
   </script>
</body>
</html>
```

在案例 4-5 中，通过设置 li 改变列表行背景色，通过 style 属性的设置实现奇偶行不一样的背景色。隔行变色的效果在一个页面中对表格或者列表行之间的区分有着非常重要的应用价值。在该案例中，还通过鼠标指针的离开和经过改变当前行的背景色，从而实现背景行立即变色的效果。

4.3.2 class 属性

在属性中还有一些例外的情况，常遇到的是访问类名属性的问题。在所有的浏览器中，为了一致地操作类名，必须使用 className 属性访问类名属性，以代替本应更合适的 getAttribute()方法。这一问题同样出现在 HTML 标签中的属性 for 上，它被重命名为 htmlFor。另外，这一问题还见于两个 CSS 属性：cssFloat 和 cssText。这种特殊的命名方式的出现是因为 class、for、float 和 text 这些单词是 JavaScript 中的保留字。

当样式比较多的时候，通过 style 属性来修改会很麻烦。为了解决这个问题，可以在 CSS 文件中定义选择符，然后在添加新元素时，只需设置 className 就能得到相应的结果。

【案例 4-6】通过 class 属性设置 Tab 栏效果。

```
<html>
<head>
  <title>4-6 通过 class 属性设置 Tab 栏效果</title>
  <style>
    …
  </style>
</head>
<body>
  <div class="box">
      <div class="hd" id="hd">
        <span class="current">信息学院</span>
        <span>计算机学院</span>
        <span>电子学院</span>
        <span>机械学院</span>
      </div>
      <div class="bd" id="bd">
        <div class="current">我是信息学院</div>
        <div>我是计算机学院</div>
        <div>我是电子学院</div>
        <div>我是机械学院</div>
      </div>
    </div>
    <script>
    //鼠标指针经过的 Tab 栏高亮显示，其他 Tab 栏取消高亮显示
    var hd = document.getElementById('hd');
    var spans = hd.getElementsByTagName('span');
    for (var i = 0; i < spans.length; i++) {
        var span = spans[i];
        span.setAttribute('index', i); //通过自定义属性,记录当前 span 的索引
        span.onmouseover = fn      //绑定事件
    }
    function fn() { //鼠标指针经过的事件处理函数
        for (var i = 0; i < spans.length; i++) {//让所有的 span 取消高亮显示
            var span = spans[i];
            span.className = '';
          }
        this.className = 'current'; //当前的 span 高亮显示
        //Tab 栏对应的 div 显示，其他 div 隐藏
        var bd = document.getElementById('bd');
        var divs = bd.getElementsByTagName('div');
        for (var i = 0; i < divs.length; i++) {
          var div = divs[i];
          div.className = '';
        }
        // 当前 span 对应的 div 显示
```

```
                var index = parseInt(this.getAttribute('index'));//获取自定义属性的值
                divs[index].className = 'current';
            }
        </script>
    </body>
</html>
```

上述代码运行时，利用鼠标指针的经过事件对 span 对应的 class 属性的值进行设置，并记录 span 的索引值，从而设置对应索引值的 div 的 class 属性。最终实现 Tab 栏和下面的 div 同步显示效果。

注意：如果是直接修改 className 属性值，则是对 CSS 进行替换。

4.4　通过 CSS 类名获取 DOM 元素

在一个 HTML 文档中查找元素的方式与在其他的文档中查找有很大的不同，对 JavaScript/HTML 开发者来说，掌握 CSS 类和 CSS 选择器的知识尤其重要。理解了这些，就可以创建一些强大的函数，使 DOM 中元素的选择更加简单和容易。

用类名定位元素是一种广泛流传的技术，由 Simon Willison（西蒙·威利森）于 2003 年推广，最初由 Andrew Hayward（安德鲁·海沃德）编写。这一技术是非常易行的：遍历所有元素（或所有元素的一个子集），选出其中具有特定类名的。

HTML 元素可以指定 id 属性值和 class 属性值，通过 id 可以使用 getElementById()方法很方便地获取元素，但没有任何预定好的函数可以通过类名获取元素。不过用户可以自定义函数，实现通过类名来获取元素。首先通过案例 4-7 来了解一下如何通过类名来获取元素。

【案例 4-7】从所有元素中找出具有特定类名的元素的一个函数。

```
<html>
    <head>
        <title>4-7 从所有元素中找出具有特定类名的元素的一个函数</title>
        <script type="text/javascript">
            function hasClass(name, type) {
                var r = [];
                var re = new RegExp("(^|\\s)" + name + "(\\s|$)");
                                                    //限定类名（允许出现多个类名）
                //用类型限制搜索范围，或搜索所有的元素
                var e = document.getElementsByTagName(type || "*");
                for (var j = 0; j < e.length; j++)
                    if (re.test(e[j])) r.push(e[j]);
                                        //如果元素类名匹配，则将其加入返回值数组中
                return r; //返回匹配的元素
            }
        </script>
    </head>
    <body>
    </body>
</html>
```

在函数 hasClass() 中有两个参数：需要查找的类名和查找的元素的类型。函数 hasClass() 返回一个元素数组，通过遍历就可以访问每个元素。

该函数首先创建的是如下的正则表达式：

```
var re = new RegExp("(^|\\s)" + name + "(\\s|$)");
```

其用来限定类名，可以允许出现多个类名。它首先匹配类名的开头，接着查找是否存在函数参数中指定的类名，最后匹配类名的结尾。

然后获取符合类型的元素，或者所有元素：

```
var e = document.getElementsByTagName(type || "*");
```

最后遍历元素集合，检查类名是否匹配：

```
for ( var j = 0; j < e.length; j++ )
    if ( re.test(e[j]) ) r.push( e[j] );
```

如果匹配就返回 true，然后将当前元素存进数组中。当元素集合全部检查完毕后，返回元素数组。

现在可以通过一个指定的类名使用该函数来快速地查找任何元素，或特定类别的任何元素（例如 li 或 p）。指定要查找的类名总会比查找全部（*）要快，因为查找元素的范围被缩小了。例如，在 HTML 文档里，如果想要查找所有类名包含 test 的元素，可以写为：

```
hasClass("test")
```

如果只想查找类名包含 test 的所有 li 元素，则使用如下代码：

```
hasClass("test","li")
```

最后，如果想找到第一个类名包含 test 的 li 元素，可将代码改为：

```
hasClass("test","li")[0]
```

这个函数单独使用已经很强大了，而当其与 getElementById() 和 getElementByTagName() 联合使用时，将是一套非常强大的、可完成非常复杂的 DOM 工作的工具。

4.5　操作 DOM 中的元素

之前已经了解到一些获取 DOM 节点的函数，例如 getElementById() 和 getElementsByTagName()。但是用户不仅可以获取 DOM 节点，还可以创建它们，从而改变整个节点树的结构。创建、插入、修改、删除和复制 DOM 中的元素才能对 DOM 进行操作，实现对 HTML 页面的修改。下面介绍操作 DOM 中元素的方法。

微课 4.5　操作 DOM 中的元素

4.5.1　创建、插入、修改、删除和复制元素

（1）创建元素

通过创建元素操作，用户可以使用 JavaScript 代码在页面中添加内容。例如可以在浏览器正在显示的页面上，通过 JavaScript 代码动态地插入一个表格。

设想一个应用情景，当用户打开某网站首页，往往有一个搜索的文本框。例如，想要去

买手机，用户先搜索手机型号，当在文本框中输入内容之后，下面会显示一些数据。那么这些数据是怎么来的呢？当用户在文本框中输入手机型号后，浏览器会向服务器发送一个请求，告诉服务器按型号搜索手机，服务器会返回所有搜索的这些关键字，然后页面里的 JavaScript 代码执行后动态生成一个列表。这个列表是动态创建的，搜索的关键字决定了列表的内容。

动态创建元素有如下 3 种方法：

```
//方法一
document.write(): document.write('新设置的内容<p>标签也可以生成</p>');
//方法二
innerHTML:
    var box = document.getElementById('box');
    box.innerHTML = '新内容<p>新标签</p>';
//方法三
document.createElement():
        var div = document.createElement('div');
        document.body.appendChild(div);
```

document.write()方法直接将 HTML 代码片段插入 HTML 文档，以动态创建元素。innerHTML 属性可以直接获取或设置指定元素的 HTML 代码，通过设置 HTML 代码动态创建元素。document.createElement()方法的作用是创建新的页面元素，新元素可直接添加到 DOM 中，实现动态创建元素。

由于 innerHTML 方法会对字符串进行解析，因此需要避免在循环内多次使用。可以借助字符串或数组的方式对其进行替换，再赋值给 innerHTML。其优化后与 document.createElement()性能相当。

【案例 4-8】动态创建节点。

```
<!DOCTYPE html>
<html>
<head>
  <title>4-8 动态创建节点</title>
</head>
<body>
  <h1>创建节点</h1>
  <img src="" alt="">
  <input type="button" value="按钮" id="btn">
  <script>
    //动态创建元素
    var btn = document.getElementById('btn');
    btn.onclick = function () {
      //当单击按钮的时候使用 document.write()输出内容，会把之前的整个页面覆盖掉
      document.write('Hello <p>World</p>');
    }
  </script>
</body>
</html>
```

（2）插入元素

在元素子节点列表的后面插入子节点使用 appendChild()方法，在元素某个子节点前面插

入子节点使用 insertBefore()方法。

```
var body = document.body;
var div = document.createElement('div');
body.appendChild(div);
var firstEle = body.children[0];
body.insertBefore(div, firstEle);
```

（3）修改元素

如果想将某个元素子节点修改成新的节点，那就需要使用 replaceChild()方法。

```
var text = document.createElement('p');
body.replaceChild(text, div);
```

（4）删除元素

利用 DOM 除了可以创建元素，还可以删除元素，removeChild()方法用于完成对元素的删除。

```
body.removeChild(firstEle);
```

（5）复制元素

复制元素需要使用节点的 cloneNode()方法，该方法将复制并返回调用它的元素的副本，可接受一个布尔类型的参数。如果传递给它的参数是 true，它将递归复制当前元素的所有子孙元素，否则它只复制当前元素。

【案例 4-9】操作节点综合案例。

```
<!DOCTYPE html>
<html>
<head>
  <title>4-9 操作节点综合案例</title>
  <style>
  …
  </style>
</head>
<body>
  <div id = "box">
    <p>段落一</p>
    <p>段落二</p>
    <div id="div1">DIV1</div>
    <div id="div2">DIV2</div>
  </div>
  <input type="button" value="创建节点" id="btn1">
  <input type="button" value="插入节点" id="btn2">
  <input type="button" value="修改节点" id="btn3">
  <input type="button" value="删除节点" id="btn4">
  <input type="button" value="复制节点" id="btn5">
</body>
<script>
    var box = document.getElementById("box");
    var btn1 = document.getElementById('btn1');
    var btn2 = document.getElementById('btn2');
    var btn3 = document.getElementById('btn3');
    var btn4 = document.getElementById('btn4');
    var btn5 = document.getElementById('btn5');
```

```
        var div1 = document.getElementById('div1');
        var div2 = document.getElementById('div2');
        btn1.onclick = function () {//创建节点
            var p = document.createElement("p");
            p.innerHTML = "段落（附加的内容）";
            box.appendChild(p); //将节点添加到 box 的子节点列表后
        }
        btn2.onclick = function () {//插入节点
            var h1 = document.createElement("h1");
            h1.innerHTML = "一级标题（插入的内容）";
            var oP = document.getElementsByTagName("p")[0];
            box.insertBefore(h1,oP); //在段落一前面插入一个 h1 标题
        }
        btn3.onclick = function () {//修改节点
            var oP = document.getElementsByTagName("p")[1]; //获取段落二
            var txt = oP.firstChild; //获取段落二的文本节点
            //获取段落二的新文本节点
            var txt2 = document.createTextNode("新的段落二（修改的内容）");
            oP.replaceChild(txt2,txt); //使用新节点替换旧节点
        }
        btn4.onclick = function () {//删除节点
            var oP = document.getElementsByTagName("p")[0]; //获取段落一
            box.removeChild(oP); //删除段落一节点
        }
        btn5.onclick = function () {//复制节点
            var cDiv = div2.cloneNode(true); //true 省略后，div2 的内容将不会被复制
            box.insertBefore(cDiv,div2); //将复制的节点插入 div2 的前面
        }
</script>
</html>
```

在本案例中，实现的功能有创建元素、插入元素、修改元素、删除元素、复制元素。当单击对应的按钮时（见图 4-3），会在 div 的节点列表中完成相应功能。当单击"创建节点"按钮时，会将节点添加到 box 的子节点列表后；单击"插入节点"按钮时，会在段落一前面插入一个 h1 标题；单击"修改节点"按钮时，会修改段落二的文本内容（见图 4-4）；单击"删除节点"按钮时，会把段落一删掉（见图 4-5）；单击"复制节点"按钮时，会将复制的节点插入 div2 的前面（见图 4-6）。

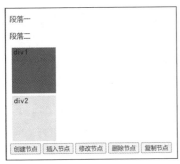

图 4-3　页面初始状态

图 4-4　创建、插入和修改节点后的效果

图 4-5 删除节点后的效果

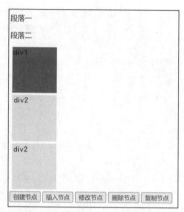

图 4-6 复制节点后的效果

4.5.2 innerHTML 与 outerHTML 属性

每一个元素节点都可以使用 innerHTML 属性，写入 innerHTML 属性的字符串会被解析，并以 HTML 代码的形式插入对应元素节点中并替换原有的内容。

DOM 接口的 outerHTML 属性用于获取描述元素（包括其后代）的序列化 HTML 片段。它也可以被设置为一段 HTML 代码来替换当前元素。

要想仅获取元素内容的 HTML 表示形式或替换元素的内容，需使用 innerHTML 属性。

注意：如果元素没有父元素，即如果它是文档的根节点，则设置其 outerHTML 属性将抛出一个错误代码。

innerHTML 和 outerHTML 属性的区别是：innerHTML 代表的是从对象的起始位置到终止位置的全部内容，但不包括 HTML 标签；outerHTML 代表的是从对象的起始位置到终止位置的全部内容，且包括 HTML 标签。

【案例 4-10】innerHTML 和 outerHTML 属性的区别。

```
<html>
<head>
  <title>4-10innerHTML 和 outerHTML 属性的区别</title>
</head>
<body>
  <div id="box">
    <p>段落一</p>
    <p>段落二</p>
  </div>
  <input type="button" value="innerHTML" id="btn1">
  <input type="button" value="outerHTML" id="btn2">
  <script>
    var box = document.getElementById("box");
        btn1.onclick = function () {//innerHTML
            alert(box.innerHTML);
        }
    btn2.onclick = function () {//outerHTML
```

```
                        alert(box.outerHTML);
            }
    </script>
</body>
</html>
```

上述代码运行时，innerHTML 属性显示的效果如图 4-7 所示，outerHTML 属性显示的效果如图 4-8 所示。

图 4-7　innerHTML 属性显示效果

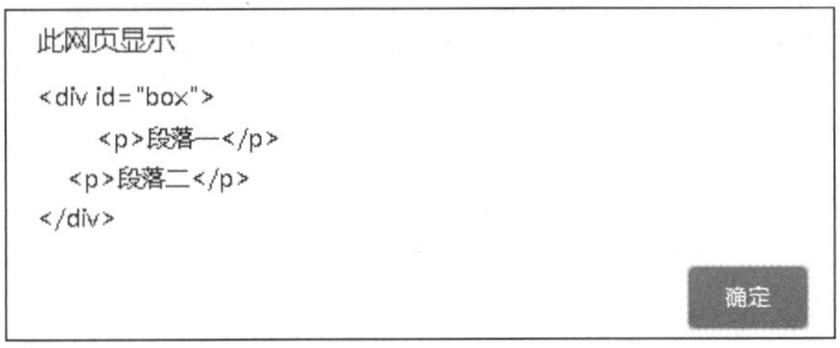

图 4-8　outerHTML 属性显示效果

4.6　操作表格

表格因为具有二维结构，特别适合用于组织结构化数据，其主要由表格、行和单元格组成。对于表格，其对象就是 table。一般是通过 document.getElementById() 来得到 table 对象。

整个表格可以分为表格头部、表格主体和表格尾部 3 个部分。在 DOM 中，这些表格的组成部分都被看作节点，因为可以使用元素节点的方法和属性进行操作。

table 对象比较重要的是其 rows 集合，而每个 row 比较重要的是 cell 集合。可以通过 insertRow() 和 insertCell() 方法来新建行和单元格。

- tHead：获取表格头部。
- tBodies：获取表格的所有主体集合，使用索引访问。
- tFoot：获取表格尾部。
- rows：获取表格中所有行集合。
- cells：获取表格某一行中的所有单元格集合。

【案例 4-11】设置表格样式。

```
<html>
<head>
    <title>4-11 设置表格样式</title>
</head>
```

```
<body>
  <table border="1" id = "tb1" width="500">
<thead>
  <tr>
    <th>序号</th>
    <th>菜名</th>
    <th>饭店</th>
  </tr>
</thead>
<tbody>
<tr>
<td>1</td>
    <td>红烧肉</td>
    <td>江汉路店</td></tr>
<tr>
<td>2</td>
    <td>西红柿鸡蛋</td>
    <td>南京路店</td></tr>
    <tr>
<td>3</td>
    <td>油炸榴莲</td>
    <td>大智路店</td></tr>
</tbody>
<tfoot>
  <tr><td>总计</td>
    <td>3</td>
    <td>3</td></tr>
</tfoot>
  </table>
  <input type="button" value="表格变色" id="btn">
  <script>
    btn.onclick = function () {
        var tb = document.getElementById("tb1");
        tb.tHead.style.background = "yellow"; //操作表格头部
        tb.rows[1].style.background = "red";//操作表格的第二行
        tb.tBodies[0].style.background = "grey";
        //操作表格中的第一个主体
        //操作表格中第一个主体的第二行
        tb.tBodies[0].rows[1].style.background = "blue";
        //操作表格中第一个主体中的第二行的第一个单元格
        tb.tBodies[0].rows[1].cells[0].style.background = "brown";
        tb.tFoot.style.background = "purple";//操作表格尾部
    }
  </script>
</body>
</html>
```

在本案例中，通过单击按钮，完成对表格属性的获取，分别获取了表格头部、表格主体、表格尾部、行以及单元格等，并对它们进行了内样式设置。运行结果如图 4-9 所示。

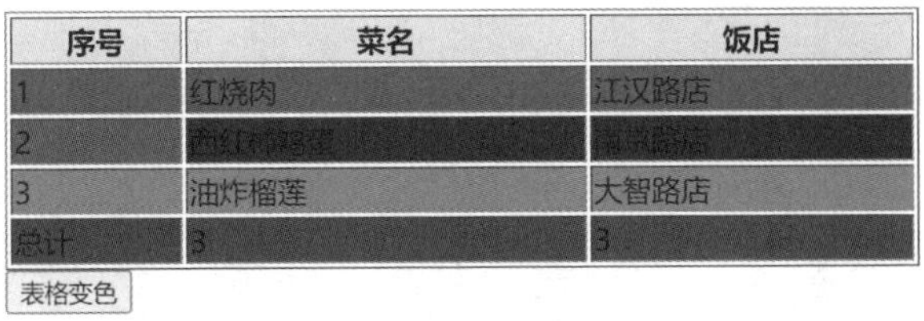

图 4-9 使用表格节点属性操作表格

【案例 4-12】动态生成表格。

```html
<html>
<head>
  <title>4-12 动态生成表格</title>
  <style>
    #box table {
      border-collapse: collapse;
    }
  </style>
</head>
<body>
  <div id="box"></div>
  <script>
    var datas = [                    // 模拟数据
      {name: '张三', subject: '语文', score: 90},
      {name: '李四', subject: '数学', score: 80},
      {name: '王五', subject: '英语', score: 99},
      {name: '赵六', subject: '英语', score: 100},
      {name: '朱七', subject: '英语', score: 60},
      {name: '邓八', subject: '英语', score: 70}
    ];
    var headDatas = ['姓名', '科目', '成绩', '操作'];   //表格头部数据
    var table = document.createElement('table');     //创建 table 元素
    var box = document.getElementById("box");
    box.appendChild(table);
    table.border = '1px';
    table.width = '400px';
    var thead = table.createTHead();                 //创建表格头部
    thead.style.textAlign = 'center';
    var tr = thead.insertRow(0);
    tr.style.height = '40px';
    tr.style.backgroundColor = 'lightgray';
    for (var i = 0; i < headDatas.length; i++) {
      var th = tr.insertCell(i); //遍历表格头部数据，创建 th
      setInnerText(th, headDatas[i]);
    }
    var tbody = document.createElement('tbody');     //创建数据行
    table.appendChild(tbody);
    tbody.style.textAlign = 'center';
```

```
      for (var i = 0; i < datas.length; i++) {
        var data = datas[i];                              //学生的成绩
        tr = tbody.insertRow(i);
        for (var key in data) {                           //遍历对象
          var td = tr.insertCell(-1);
          setInnerText(td, data[key]);
        }
        td = tr.insertCell(-1);                           //生成"删除"对应的列
        var link = document.createElement('a');           //"删除"的超链接
        td.appendChild(link);
        link.href = 'javascript:void(0)';
        setInnerText(link, '删除');
        link.onclick = linkDelete;
      }
      function linkDelete() {                             //删除行
        var tr = this.parentNode.parentNode;
        tbody.removeChild(tr);
        return false;
      }
      function setInnerText(element, content) {           //设置标签之间的内容
        // 判断当前浏览器是否支持 innerText
        if (typeof element.innerText === 'string') {
          element.innerText = content;
        } else {
          element.textContent = content;
        }
      }
    </script>
  </body>
</html>
```

在本案例中，涉及了使用 document 节点获取和创建元素节点，以及使用元素节点的属性来设置属性和元素内容等。设置效果如图 4-10 所示。

姓名	科目	成绩	操作
张三	语文	90	删除
李四	数学	80	删除
王五	英语	99	删除
赵六	英语	100	删除
朱七	英语	60	删除
邓八	英语	70	删除

图 4-10　动态表格设置效果

用 DOM 创建表格的方法和创建其他的页面元素类似，之所以创建表格的代码显得复杂，主要是因为表格本身的 HTML 代码结构比较复杂。为了协助建立表格，DOM 给 table、tbody 和 tr 等元素节点添加了一些辅助属性和方法。

table 元素节点中添加了以下内容。

- caption：指向 caption 元素（如果存在）。
- tBodies：tbody 元素的集合。
- tFoot：指向 tfoot 元素（如果存在）。
- tHead：指向 thead 元素（如果存在）。
- createTHead()：创建 thead 元素并将其放入表格。
- createTFoot()：创建 tfoot 元素并将其放入表格。
- createCaption()：创建 caption 元素并将其放入表格。
- deleteTHead()：删除 thead 元素。
- deleteTFoot()：删除 tfoot 元素。
- deleteCaption()：删除 caption 元素。
- deleteRow(position)：删除指定位置上的行。
- insertRow(position)：在 rows 集合中的指定位置上插入一个新行。

tbody 元素节点添加了以下内容。

- rows：tbody 中所有行的集合。
- deleteRow(position)：删除指定位置上的行。
- insertRow(position)：在 rows 集合中的指定位置上插入一个新行。

tr 元素节点中添加了以下内容。

- cells：tr 元素中所有的单元格的集合。
- deleteCell(position)：删除指定位置上的单元格。
- insertCell(position)：在 cells 集合的给定位置上插入一个新的单元格。

在案例 4-12 的代码中，创建 table 和 tbody 元素节点使用的是 createElement()方法，创建行则用的是 table 元素节点专有的辅助属性和方法 insertRow()，传递给它一个参数 i，表示新增的行要放在什么位置。

以类似的方式可以创建单元格，对 tr 元素调用 insertCell()方法并传入要创建单元格的位置即可。

最后一列"删除"的超链接仍然使用 createElement()方法添加了一个新的节点，利用对超链接的单击完成对本行内容的删除。

【案例 4-13】用 DOM 操作表格。

```html
<html>
<head>
  <title>4-13 用 DOM 操作表格</title>
  <style>
    #box table {
      border-collapse: collapse;
    }
  </style>
  <script type="text/javascript">
          function createTHead(){
                  //创建 thead 元素并将其放入表格
```

117

```
                    var x = document.getElementById('myTable')
                                .createTHead(); //创建 thead 元素
            x.innerHTML = "我的表格表头";
    }
    function createTFoot(){
        //创建 tfoot 元素并将其放入表格
        var x = document.getElementById('myTable')
                    .createTFoot();//创建 tfoot 元素
        x.innerHTML = "我的表格脚注";
    }
    function createCaption(){
        var x = document.getElementById('myTable')
                        .createCaption();//创建 caption 元素
        x.innerHTML = "我的表格标题";
    }
    function insertRow(){
        document.getElementById('myTable').insertRow(0); //插入行
    }
    function insertCell0(){
        var x = document.getElementById('myTable').rows[0];
        var y = x.insertCell(0); //在 cells 集合中插入一个新的单元格
        y.innerHTML = "新的行第一个";
    }
    function insertCell1(){
        var x = document.getElementById('myTable').rows[0];
        var y = x.insertCell(1); //在 cells 集合中插入一个新的单元格
        y.innerHTML = "新的行第二个";
    }
    function deleteTHead(){
        document.getElementById('myTable')
                    .deleteTHead();//删除 thead 元素
    }
    function deleteTFoot(){
        document.getElementById('myTable')
                    .deleteTFoot();//删除 tfoot 元素
    }
    function deleteCaption(){
        document.getElementById('myTable')
                    .deleteCaption();//删除 caption 元素
    }
    function delectRow(){
        document.getElementById('myTable')
                    .deleteRow(0);//删除指定的行
    }
    function delectCell0(){
        document.getElementById('myTable').rows[0]
                    .deleteCell(0);//删除第一个单元格
    }
    function delectCell1(){
        document.getElementById('myTable').rows[0]
```

```
                              .deleteCell(1);//删除第二个单元格
                }
        </script>
</head>
<body>
        <table id="myTable" border="1">
                <tr><td>第一行第一个</td>
                <td>第一行第二个</td></tr>
                <tr><td>第二行第一个</td>
                <td>第二行第二个</td></tr>
        </table>
        <br/>
        <input type="button" onclick="createTHead()"value="创建表头">
        <input type="button" onclick="createTFoot()"value="创建脚注">
        <input type="button" onclick="createCaption()"value="创建标题">
        <input type="button" onclick="insertRow()"value="插入行">
        <input type="button" onclick="insertCell0()"value="插入第一个单元格">
        <input type="button" onclick="insertCell1()"value
                             ="插入第二个单元格"><br/><br/>
        <input type="button" onclick="deleteTHead()"value="删除表头">
        <input type="button" onclick="deleteTFoot()"value="删除脚注">
        <input type="button" onclick="deleteCaption()"value="删除标题">
        <input type="button" onclick="delectRow()"value="删除第一行">
        <input type="button" onclick="delectCell0()"value="删除第一个单元格">
        <input type="button" onclick="delectCell1()"value="删除第二个单元格">
</body>
</html>
```

4.7 操作表单

表单是一个网站的重要组成部分，是动态网页的一种主要表现形式。JavaScript 的表单是作为一个对象来处理的。表单对象的处理可以使用 DOM。

1. form 对象

form 对象代表一个 HTML 表单。在 HTML 文档中，form 标签每出现一次，form 对象就会被创建一次。

form 对象的常用属性如下。

- action：设置或返回表单的 action 属性。
- id：设置或返回表单的 id 属性。
- length：返回表单中的元素数目。
- method：设置或返回将数据发送到服务器的 HTTP 方法。
- name：设置或返回表单的名称。
- target：设置或返回表单提交结果的 Frame 或 Window 名。

119

form 对象方法如下。

- reset()：把表单的所有输入元素重置为它们的默认值。
- submit()：提交表单。

2. 表单元素

表单元素主要有输入元素 input、text、password、hidden、file、radio、checkbox、button、submit、reset，选择元素 select、option，文本域元素 textarea。

表单元素的常用属性如下。

- disabled：规定 input 元素应该被禁用。
- max：规定 input 元素的最大值。
- min：规定 input 元素的最小值。
- type：规定 input 元素的类型。
- value：设置或返回表单元素的 value 值（select 元素没有）。
- size：规定输入字段的尺寸。
- maxlength：规定输入字段允许的最大长度。
- readonly：规定输入字段为只读（不能修改）。
- height 和 width：规定 input 元素的高度和宽度。
- multiple：规定允许用户在 input 元素中输入一个以上的值。适用于 email 和 file。
- required：规定在提交表单之前必须填写输入字段。适用于 text、search、url、tel、email、password、date pickers、number、checkbox、radio 和 file。
- defaultSelected：返回 selected 属性的默认值。
- selected：设置或返回 selected 属性的值。
- text：设置或返回某个选项的纯文本值。

表单元素的常用事件属性如下。

- onblur：元素失去焦点。
- onfocus：元素获得焦点。

表单元素的常用方法如下。

- blur()：从表单元素上移开焦点。
- focus()：在表单元素上放置焦点。
- select()：获取文本框或密码框的内容。
- add()：向选择列表中添加一个选项。
- remove()：从选择列表中删除一个选项。

【案例 4-14】操作表单。

```
<!DOCTYPE html>
<html>
<head>
    <title>4-14 操作表单</title>
</head>
```

```
<body>
  <form id="form" name="form1">
        <table border="1" width="630" cellpadding="5" cellspacing="0">
                <tr><td>用户名</td>
                <td><input type="text" name="username"/></td></tr>
                <tr><td>密 码</td>
                <td><input type="password" name="psw1"/></td></tr>
                <tr><td>确认密码</td>
                <td><input type="password" name="psw2"/></td></tr>
                <tr><td>性 别</td>
                <td><input type="radio" name="gender" value="男">男
                <input type="radio" name="gender" value="女">女</td></tr>
                <tr><td>兴趣爱好</td>
                <td><input type="checkbox" name="lang" value="旅游">旅游
                <input type="checkbox" name="lang" value="读书">读书
                <input type="checkbox" name="lang" value="音乐">音乐
                <input type="checkbox" name="lang" value
                                        ="运动">运动</td></tr>
                <tr><td>最高学历</td>
                <td><select name="degree">
                        <option value="-1">--请选择学历--</option>
                        <option value="博士">博士</option>
                        <option value="硕士">硕士</option>
                        <option value="本科">本科</option>
                        <option value="专科">专科</option>
                        <option value="高中">高中</option>
                        <option value="初中">初中</option>
                        <option value="小学">小学</option>
                </select></td></tr>
                <tr><td>个人简介</td>
                <td><textarea name="info" rows="6" cols
                                ="45"></textarea></td></tr>
                <tr><td colspan="2" align="center">
                <input type="button" value="注 册" id="regBtn">
                <input type="reset" value="重 置"></td></tr>
        </table>
  </form>
  <script type="text/javascript">
        var sex,selDegree,infor;        //声明变量
        var langs = new Array();        //用于存储选择的兴趣爱好
        var fr = document.form1;        //获取表单对象
        fr.username.focus();    //使用 focus()方法使用户名在页面加载完后获得焦点
        var oBtn = document.getElementById('regBtn');
        var username = document.form1.username.value;
        var psw1 = document.form1.psw1.value;
        var psw2 = document.form1.psw2.value;
```

```
            oBtn.onclick = function(){
                if(fr.gender[0].checked == true){
                    //判断是否选择了性别，获取所选择值
                    sex = "男";
                }else if(fr.gender[1].checked == true){
                    sex = "女";
                }
            for(var i = 0; i < 4; i++){
                    //将选择的兴趣爱好存储在 lang 数组中
                    if(fr.lang[i].checked == true)
                        langs.push(fr.lang[i].value);
            }
            var index = fr.degree.selectedIndex; //获取被选中项的索引
            selDegree = fr.degree.options[index].value;
            //将学历存储在 selDegree 中
            infor = fr.info.value;

            var msg = "您注册的个人信息如下：\n 用户名：" +
                fr.username.value + "\n 密码："+ fr.psw1.value +
"\n 性别：" + sex + "\n 兴趣爱好有：" + langs.join("、") +
"\n 最高学历是：" + selDegree + "\n 个人情况：" + infor;
            alert(msg);
        }
    </script>
</body>
</html>
```

在该个人信息注册的页面中，针对用户填写的内容，可以通过表单操作进行信息的提取。当输入正确时，最后通过对话框形式将表单获取的用户名、密码、性别、兴趣爱好、最高学历和个人简介输出。

本章小结

本章介绍了文档对象模型，说明了 DOM 如何将 HTML 文档组织成由节点组成的层次树。本章着重介绍了 DOM 中的核心对象 document 对象，介绍了如何利用 DOM 获取、处理、添加、删除 DOM 树中的节点，如何处理元素的属性。同时介绍了如何使用 HTML 标签的一些重要属性，包括 style 属性和 class 属性。

本章还介绍了针对 HTML DOM 的辅助功能，例如表格和表单的处理，这些功能与传统的 DOM 方式相比更加简单。

习　题

4-1　什么是 DOM？

4-2　简述 document 对象的属性。

4-3　简述获取 DOM 元素的方法。

4-4　innerHTML 属性和 outerHTML 分别在什么情况下使用？

4-5　创建一个 3 行 3 列的表格，并设置按钮完成添加行、删除行的功能。

综合实训

目标

利用本章所学知识，创建一个能用 HTML 页面中的表格显示当前月的日历，并且用红色字体表示今天的日期。要求能根据不同的系统日期时间显示相应月的日历。

准备工作

在进行本实训前，必须学习完本章的全部内容。

实训预估时间：120min

要求在页面中利用 DOM 方法创建如图 4-11 所示的日历（以系统日期时间为 2021 年 9 月 18 日为例），并实现能根据不同的系统日期时间显示对应月的日历的功能。

2021年9月						
日	一	二	三	四	五	六
			1	2	3	4
5	6	7	8	9	10	11
12	13	14	15	16	17	18
19	20	21	22	23	24	25
26	27	28	29	30		

图 4-11　综合实训页面设计

实现该页面可以分两步完成：首先使用 Date 对象得到当前月的信息，包括当前月是几月、当前月共有多少天、当前月的 1 号是星期几和今天是多少号；然后根据上述数据利用 DOM 方法创建表示日历的表格并把日期填到相应位置。

第5章

事件处理

本章导读

本章介绍浏览器中的事件，以及如何使用 JavaScript 处理事件，并在此基础上介绍事件处理的高级应用。

本章要点

- 浏览器中事件的概念
- JavaScript 处理事件的方法
- 事件处理高级应用

5.1 浏览器中的事件

事件是指用户载入目标页面直到该页面被关闭期间浏览器的动作及该页面对用户操作的响应。事件的复杂程度大不相同，简单的有鼠标指针的移动、当前页面的关闭、键盘的输入等，复杂的有拖曳页面图片、单击浮动菜单等。

微课 5.1 浏览器中的事件

事件处理器是与特定的文本、特定的事件相联系的 JavaScript 代码，当该文本发生改变或者事件被触发时，浏览器执行该代码并进行相应的处理操作，而响应某个事件进行的处理过程称为事件处理。

JavaScript 中的事件并不限于用户的页面动作（如 mousemove、click 事件等），还包括浏览器的状态改变，如在绝大多数浏览器中获得支持的 load、resize 事件等。load 事件在浏览器载入文档时触发，如果某事件（如启动定时器、提前加载图片等）要在文档载入时触发，一般都要在 body 标签里面加入类似于"onload="MyFunction()""的语句。

浏览器响应用户的动作（如使用鼠标单击按钮、链接等），并通过默认的系统事件与该动作相关联，但用户可以编写自己的脚本，来改变该动作的默认事件处理器。

HTML 文档事件可以分为浏览器事件和 HTML 元素事件两大类。本节将着重介绍浏览器事件。

HTML 文档将元素的常用事件（如 onclick、onmouseover 等）当作属性绑定在 HTML 元素上，当该元素的特定事件发生时，对应于此特定事件的事件处理器就被执行，并将处理结果返回给浏览器。事件绑定则将特定的代码放置在其所处对象的事件处理器中。

浏览器事件指载入文档直到该文档被关闭期间的事件，如浏览器载入文档事件 onload、关闭文档事件 onunload、浏览器失去焦点事件 onblur、浏览器获得焦点事件 onfocus 等。

表 5-1 所示为通用浏览器上定义的事件。

表 5-1　通用浏览器上定义的事件

标签类型	标签	事件触发模型	简要说明
链接	`<a>`	onclick	单击链接
		ondblclick	双击链接
		onmousedown	在链接的位置按鼠标按键
		onmouseout	鼠标指针移出链接所在的位置
		onmouseover	鼠标指针经过链接所在的位置
		onmouseup	鼠标按键在链接的位置放开
		onkeydown	键盘按键被按下
		onkeypress	按键盘按键并松开
		onkeyup	键盘按键被松开
图片	`<img>`	onerror	加载图片出现错误时触发
		onload	图片加载时触发

标签类型	标签	事件触发模型	简要说明
图片	\<img>	onkeydown	键盘按键被按下
		onkeypress	按键盘按键并松开
		onkeyup	键盘按键被松开
区域	\<area>	ondblclick	双击该图形映射区域
		onmouseout	鼠标指针从该图形映射区域内移动到该区域之外
		onmouseover	鼠标指针从该图形映射区域外移动到区域之内
文档主体	\<body>	onblur	文档正文失去焦点
		onclick	在文档正文中单击
		ondblclick	在文档正文中双击
		onkeydown	在文档正文中键盘按键被按下
		onkeypress	在文档正文中按键盘按键并松开
		onkeyup	在文档正文中键盘按键被松开
		onmousedown	在文档正文中按鼠标按键
		onmouseup	在文档正文中按鼠标按键后松开
框架	\<frame>	onblur	当前窗口失去焦点
		onerror	载入窗口时发生错误
		onfocus	当前窗口获得焦点
		onload	载入窗口时触发
		onresize	改变窗口尺寸
		onunload	关闭当前窗口
	\<frameset>	onblur	当前窗口失去焦点
		onerror	装入窗口时发生错误
		onfocus	当前窗口获得焦点
		onload	载入窗口时触发
		onresize	窗口尺寸改变
		onunload	关闭当前窗口
		onscroll	文档的滚动条移动时触发
窗体	\<form>	onreset	窗体复位
		onsubmit	提交窗体里的表单
按钮	\<input type="button">	onblur	按钮失去焦点
		onclick	在按钮响应范围单击
		onfocus	按钮获得焦点
		onmousedown	在按钮响应范围内按鼠标按键
		onmouseup	在按钮响应范围内按鼠标按键后松开
复选框 单选框	\<input type="checkbox"> \<input type ="radio">	onblur	复选框（或单选框）失去焦点
		onclick	单击复选框（或单选框）
		onfocus	复选框（或单选框）获得焦点

续表

标签类型	标签	事件触发模型	简要说明
复位按钮 提交按钮	`<input type="reset"><input type="submit">`	onblur	复位（或提交）按钮失去焦点
		onclick	复位（或提交）按钮被单击
		onfocus	复位（或提交）按钮获得焦点
口令字段	`<Input type="password">`	onblur	口令字段失去当前输入焦点
		onfocus	口令字段获得当前输入焦点
文本框	`<input type="text">`	onblur	文本框失去当前输入焦点
		onchange	文本框内容发生改变并失去当前输入焦点
		onfocus	文本框获得当前输入焦点
		onselect	选择文本框中的文本
文本区	`<textarea>`	onblur	文本区失去当前输入焦点
		onchange	文本区内容发生改变并失去当前输入焦点
		onfocus	文本区获得当前输入焦点
		onkeydown	在文本区中键盘按键被按下
		onkeypress	在文本区中按键盘按键并松开
		onkeyup	在文本区中键盘按键被松开
		onselect	选择文本区中的文本
选项	`<select>`	onblur	选择元素失去当前输入焦点
		onchange	选择元素内容发生改变并失去当前输入焦点
		onfocus	选择元素获得当前输入焦点

【案例 5-1】浏览器中的事件。

```html
<html>
  <head>
    <title>5-1 浏览器中的事件</title>
    <script type="text/javascript">
      window.onload = function() {
        var msg = "\nwindow.load 事件: \n\n";
        msg += " 浏览器载入了文档!";
        console.log(msg);
      }
      window.onfocus = function() {
        var msg = "\nwindow.onfocus 事件: \n\n";
        msg += " 浏览器取得了焦点!";
        console.log(msg);
      }
      window.onblur = function() {
        var msg = "\nwindow.onblur 事件: \n\n";
        msg += " 浏览器失去了焦点!";
        console.log(msg);
      }
      window.onscroll = function() {
        var msg = "\nwindow.onscroll 事件: \n\n";
```

```
    msg += " 用户拖动了滚动条!";
    console.log(msg);
  }
  window.onresize = function() {
    var msg = "\nwindow.onresize 事件: \n\n";
    msg += " 用户改变了窗口尺寸!";
    console.log(msg);
  }
  </script>
</head>
<body>
  <br/><p>载入文档:</p>
  <p>取得焦点:</p>
  <p>失去焦点:</p>
  <p>拖动滚动条:</p>
  <p>变换尺寸:</p>
</body>
</html>
```

在案例 5-1 中，当载入该文档时，触发 window.onload 事件；当把焦点给该文档页面时，触发 window. onfocus 事件；当该页面失去焦点时，触发 window.onblur 事件；当用户拖动滚动条时，触发 window.onscroll 事件；当用户改变窗口尺寸时，触发 window.onresize 事件。

浏览器事件一般用于处理窗口定位、设置定时器或者根据用户喜好设定页面层次和内容等场合，在实现页面的交互性、动态性方面使用较为广泛。

5.2 用 JavaScript 处理事件

5.1 节介绍了什么是事件，下面介绍如何利用 JavaScript 来处理事件。

5.2.1 利用伪链接处理事件

伪链接是人们对非标准化通信机制的统称。而真链接特指那些用来在因特网上的两台计算机之间传输各种数据包的标准化通信机制，如 http://、ftp://等。

JavaScript 伪链接就是使用 a 标签的 href 属性来运行 JavaScript 代码的一种方法，例如：

```
<a href="javascript:callback()">link</a>
```

当单击这个链接的时候，页面不发生跳转，但是会运行 callback()方法。

在多数支持 JavaScript 脚本的浏览器中，可以通过 JavaScript 伪 URL（Uniform Resource Locator，统一资源定位器）调用语句来引入 JavaScript 脚本代码。

对于"javascript:"这种情况，它一般用在 href 属性和事件类属性身上，如 onclick 等。

在浏览器地址栏中输入"javascript:alert('JS!');"，按"Enter"键后会发现，浏览器实际上是把"javascript:"后面的代码当成 JavaScript 代码来执行，并将结果值返回给当前页面。

```
<input type="submit" onclick="javascript: return confirmSubmit ();">
function confirmSubmit() {
```

```
        var appId = document.getElmentById("appId").val();
        if (appId == "") {
            alert("appId 不能为空! ");
            return false;
        }
}
```

上面这段代码单击提交按钮后会返回函数 confirmSubmit() 的返回值，而下面的代码单击提交按钮后会执行函数 confirmSubmit()。

```
<input type="submit" onclick="javascript: confirmSubmit ();">
function confirmSubmit() {
        alert("appId 不能为空! ");
}
```

采用类似的方法，可以在 a 标签的 href 属性中使用 JavaScript 伪链接：

```
<a href="javascript:alert('JS!');"></a>
```

单击上面的链接，浏览器并不会跳转到任何页面，而是显示一个对话框，但 JavaScript 伪链接有一个问题，它会将执行结果返回给当前的页面：

```
<a href="javascript:window.prompt('输入内容将替换当前页面!','');">A</a>
```

上述链接被单击后，用户在对话框中输入的内容将会显示在当前页面中。解决方法很简单，就是将"undefined"添加到伪链接代码的最后，如下所示：

```
<a href="javascript:window.prompt('输入内容不会替换
                                 当前页面!','');undefined;">A</a>
```

通常为 a 标签增加 href 属性一般有两个目的：跳转到指定的页面，也就是使 link 选择器可以选择到它；有 href 属性的 a 标签才有 cursor:pointer 的效果，特别是在低版本浏览器里面。如果不想要 a 标签跳转到实际页面，有以下几种方法。

① <a href="#"></a>。

② <a href="#none"></a>。

③ <a href="###"></a>。

④ <a href="javascript:"></a>。

⑤ <a href="javascript:;"></a>。

⑥ <a href="javascript:void(0)"></a>。

⑦ <a href="javascript :void(0);"></a>。

第①种，单击这个链接后，会让页面跳转到页面顶部，相当于在 location.href 原始路径值的后面加上#号。

第②种，单击这个链接后，如果页面里有 id 为 none 的元素，会执行锚点机制跳转到这个元素上缘。

第③种，单击这个链接后不跳转，可以阻止默认的跳转行为，但是这种方法在后端代码中容易识别成注释，使后面的代码不显示。

第④～⑦种全部都是伪链接。

尽管 JavaScript 伪链接提供了一定的灵活性，但在页面中尽量不要使用它。JavaScript 伪链接毕竟不是一种标准且可靠的事件处理方式。

5.2.2 内联的事件处理

在一个元素的属性中绑定事件，实际上就创建了一个内联的事件处理函数。在内联模型中，事件处理函数是 HTML 标签的一个属性，用于处理指定事件。例如：

```
<h1 onclick="alert(this);">...>...</h1>
```

通过事件属性，事件处理函数也可以直接绑定到 HTML 元素上。例如：

```
<input type="button" value="按钮" onclick="box();" />
```

单击这个按钮，函数 box()就会执行。

在标签内联事件中，使用 arguments[0]可以在 Firefox 浏览器中访问到事件对象：

```
<input type="button" id="btn" value="click me" onclick
                           = "alert(arguments[0].type)" />
```

在标签内联事件中，可以用"event"变量名兼容地指向事件对象：

```
<input type="button" id="btn" value="click me" onclick
                           ="alert(event.type);" />
```

标签内联事件中甚至可以写注释，也可以使用字符串，如下所示：

```
//只弹出 1
<input type="button" id="btn" value="click me" onclick
                           ="alert(1);//alert(2);alert(3);" />
//弹出 1 和 3
<input type="button" id="btn" value="click me" onclick
                     ="alert(1);/*alert(2);*/alert(3);" />
//弹出"string"
<input type="button" id="btn" value="click me" onclick="var a
                           ='abc';alert(typeof a);"/>
//如果既用标签内联事件绑定了事件，又用元素的 onclick 属性绑定了事件，结果如何呢？
<input type="button" id="btn" value="click me" onclick="alert(123);" />
<script type="text/javascript">
        document.getElementById("btn").onclick = function(){
            alert(456);
        };
</script>
//会弹出 456，不弹出 123。相当于：
<input type="button" id="btn" value="click me" />
<script type="text/javascript">
        document.getElementById("btn").onclick = function(){
            alert(123);
        };
        document.getElementById("btn").onclick = function(){
            alert(456);
        };
</script>
```

上述代码中，后面的事件处理函数把前面的事件处理函数覆盖掉了。

各浏览器都会将内联事件处理函数所属的元素的 DOM 对象加入作用域链中，但加入的方式却是不同的。例如以下代码：

```
<input type="button" value="hello" onclick="alert(value);">
```

在所有浏览器中，都将弹出显示"hello"的对话框。

再修改代码，改变 input 元素的内联事件处理函数的执行上下文：

```
<input type="button" value="hello" onclick="alert(value);"/>
<script type="text/javascript">
  var target = document.getElementsByTagName("input")[0];
  var o = {
    onclick: target.onclick,
    value: "Hi, I'm here!"
  };
  o.onclick();
</script>
```

在实际使用的过程当中，其实是不推荐使用内联事件的，应该使用 DOM 标准的事件绑定方式为元素绑定事件处理函数。

5.2.3　无侵入的事件处理

在 Web 的早期阶段，在同一个文件中混杂 JavaScript 代码和 HTML 元素是非常流行的做法。将 JavaScript 代码作为某个特性的值放入 HTML 元素中也是再正常不过的了。人们可能见过下面这样的事件处理程序：

```
<input type="text" name="date" onchange="validateDate(this);" />
```

人们可能会在标签中嵌入 JavaScript 代码，因为没有更简单的方法可以用来捕获单击事件了。尽管嵌入的 JavaScript 代码可以实现事件捕获，但是该代码不够整洁。

然而，HTML 主要是用来描述页面的结构，而不是实现行为的。倘若将二者结合在一起，会直接影响网站的可维护性，所以不推荐将这两者相结合。现在可以从 HTML 特性中移除 JavaScript 代码了。事实上，可以将 JavaScript 代码与 HTML 完全分离。

无侵入的解决方案是必须绑定事件处理程序，而不是在 HTML 文件的标签中内嵌。下面是给满足一个特定的 CSS 选择器的所有元素添加特定行为的代码：

```
<input type="text" name="date" />
<script type="text/javascript">
  window.onload = function(){
    var inputs = document.getElementsByTagName('input');
    for(var i = 0,l = inputs.length; i < l; i++){
      input = inputs[i];
      if(input.name && input.name == 'date'){
        input.onchange = function(){
          validateDate();
        }
      }
    }
  };
  function validateDate(){
```

```
    //输入框文本发生变化时验证日期格式的代码
  }
</script>
```

5.2.4 window.onload 事件

页面加载时浏览器内部操作的顺序大致是这样的：HTML 被解析→外部脚本/CSS 文件被加载→文档解析过程中内联的脚本被执行→HTML DOM 构造完成→图像和外部内容被加载→页面加载完成。

头部包含的和从外部文件中载入的脚本实际上在 DOM 构造好之前就执行了，在这两处执行的所有脚本将不能访问 DOM。JavaScript 代码通常包含在文档的头部，由于在页面整体还没加载完的时候，文档主体中的内容是不可访问的，因此访问一个还没诞生的对象将产生错误消息。

网页中的某些 JavaScript 脚本代码往往需要在文档加载完成后才能够执行，否则可能导致无法获取对象的情况发生。为了避免类似情况的发生，可以使用以下两种方式：一是将脚本代码放在网页的底端，运行脚本代码的时候，可以确保要操作的对象已经加载完成；二是通过 window.onload 事件来执行脚本代码。

例如以下代码：

```html
<html>
  <head>
    <title>onload 效果</title>
    <style type="text/css">
    #bg{
        width:100px;
        height:100px;
        border:2px solid red;
    }
    </style>
  </head>
  <body>
    <div id="bg"></div>
  </body>
</html>
<script type="text/javascript">
    document.getElementById("bg").style.backgroundColor = "#F90";
</script>
```

如果要顺利执行 JavaScript 代码，就必须把 JavaScript 代码放到 html 代码之后，等所有代码都加载完以后，才能找到 id 是 bg 的元素，否则元素是无法找到的。或者也可以把这段代码改成如下形式：

```html
<html>
  <head>
    <title>onload 效果</title>
    <style type="text/css">
```

```
    #bg{
      width:100px;
      height:100px;
      border:2px solid red;
    }
    </style>
    <script type="text/javascript">
        window.onload=function(){
            document.getElementById("bg").style.backgroundColor = "#F90";
        }
    </script>
  </head>
  <body>
      <div id="bg"></div>
  </body>
</html>
```

通过 window.onload 事件可以得知页面加载完成，在 DOM 加载完成后获取 id 为 bg 的元素。

JavaScript 代码的执行，是浏览器下载到哪里就执行到哪里，这种特性会导致整个项目没有一个明显的程序入口。

按照编码习惯，将初始化的工作放在函数 init()中，它便是网页的程序入口。此时代码中会出现一种情况，即某个 DOM 节点拥有方法，而当前这个 DOM 节点还没有被加载进来，此时程序会报错。

因此需要监听 window.onload 事件，window 对象会在网页内元素全部加载完之后触发 onload 事件。

```
function init(){//初始化
}
window.onload=init;
```

其实在有的页面中，函数 init()并不一定都要被加载。因此需改进一下：先判断页面中是否定义了函数 init()，如果定义了则进行加载。

```
if(init){
    init();
}
```

但是使用 window.onload 事件是有问题的，因为它要求网页内所有元素加载完才触发。如果网页中有图片、视频，那么加载的时间会大大增加，初始化函数 init()会等待很久才执行。

页面生命周期内，有两个非常重要的事件：第一个是 DOMContentLoaded，第二个是 load。两个事件标识了两种不同的时刻。DOMContentLoaded 事件表示 DOM 已经完成加载，此时可以为 DOM 元素绑定事件、初始化接口等；而 load 事件则表示其他外部资源均已加载完成，可以正确读出这些资源的信息，如图片的宽、高等。

在 JavaScript 的传统事件模型中，load 事件是页面中最早被触发的事件。不过当使用 load

事件来初始化页面时可能会存在一个问题，就是当页面中包含很大的文件时，load 事件需要等到所有图像全部载入完成之后才会被触发。而用户也许希望某些脚本能够在页面结构加载完毕之后就能够被执行。

这时可以考虑使用 DOMContentLoaded 事件。DOMContentLoaded 事件是在 DOM 文档结构加载完毕的时候触发的，因此要比 load 事件先被触发。

顾名思义，DOMContentLoaded 就是 DOM 内容加载完毕。那什么是 DOM 内容加载完毕呢？这里从打开一个网页说起。当输入一个 URL 后，页面的展示首先是空白的，然后过一会儿，页面会展示出内容，但是页面的有些资源（例如图片资源）还无法看到，此时页面可以正常地交互，过一段时间后，图片才显示在页面中。从页面空白到展示出页面内容，会触发 DOMContentLoaded 事件。而这段时间中 HTML 文档被加载和解析完成。

5.2.5 利用 addEventListener()方法绑定事件

传统的绑定事件的方式是到目前为止非常简单、兼容性非常强的绑定事件处理方法的方式。使用这种方式时，只需将方法作为一个属性附加到想要监视的 DOM 元素上。

这一方式有它的优势，但也有缺点，在使用时必须注意。

传统绑定事件的方式的优势有：简单、一致，即在很大程度上它能保障无论使用什么浏览器都能生效；当处理事件时，this 关键字指向当前的元素。

传统绑定事件的方式的缺点有：只作用于事件冒泡，而非捕获和冒泡；只能每次为一个元素绑定一个事件处理函数。

例如 window.onload 事件为传统绑定事件方式，只能写一次，如果有多个，会以最后一个 window.onload 事件为准。

DOM 中绑定事件监听器语法如下：

```
element.addEvenListener(event, listener, false);
```

event：必需。描述事件名称的字符串。表示事件名，诸如 click、focus、blur 等，不要使用 on 前缀。例如，使用"click"来取代"onclick"。

listener：必需。描述事件触发后执行的函数。当事件触发时，事件对象会作为第一个参数传入函数。事件对象的类型取决于特定的事件。例如，"click"事件属于 MouseEvent（鼠标事件）对象。不要带括号，否则函数会立即执行。

false：可选。布尔值，指定事件是否在捕获或冒泡阶段执行。默认值是 false。

通过多次调用 addEvenListener()方法可以为一个事件源对象的同一个事件类型绑定多个事件处理函数。当对象触发事件时，该事件绑定的所有事件处理函数就会按照绑定的顺序依次执行。

【案例 5-2】使用 addEventListener()方法绑定事件处理函数。

```
<html>
  <head>
    <title>5-2 使用 addEventListener()方法绑定事件处理函数</title>
```

```
  </head>
  <body>
    <p>使用 addEventListener() 方法来向文档添加单击事件。</p>
    <p>单击文档任意处。</p>
    <script>
      document.addEventListener("click", myFunction);
      document.addEventListener("click", someOtherFunction);
      function myFunction() {
        alert("第一个函数！")
      }
      function someOtherFunction() {
        alert("第二个函数!")
      }
    </script>
  </body>
</html>
```

当在页面单击的时候，会依次弹出两个对话框，响应两个函数。

针对 5.2.4 节讲到的 DOMContentLoaded 事件，也可以使用 addEventListener()方法绑定。

```
<script  type="text/javascript">
  window.onload = f1;
  if (document.addEventListener) {
    document.addEventListener("DOMContentLoaded", f, false);
  }
  function f() {
    alert("我要提前执行了");
  }
  function f1() {
    alert("页面初始化完毕");
  }
</script>
<img src="aaa.jpg">
```

这样，在图片加载完毕之前会弹出"我要提前执行了"的提示信息，而当图片加载完毕之后会弹出"页面初始化完毕"的提示信息。这说明在页面 HTML 结构加载完毕之后触发 DOMContentLoaded 事件。即在文档标签加载完毕时触发该事件并调用函数 f()，然后，当文档所有内容加载完毕（包括图片下载完毕）时才触发 load 事件，并调用函数 f1()。

addEventListener()方法允许用户将事件监听器添加到任何 HTML DOM 对象上，例如 HTML 元素、HTML 对象、window 对象或其他支持事件的对象（如 XMLHttpRequest 对象）。

```
window.addEventListener("resize", function(){
    document.getElementById("div").innerHTML = sometext;
});
```

在上述代码中添加了当用户调整窗口大小时触发的事件监听器。

135

5.2.6　事件对象

事件在浏览器中是以对象的形式存在的，即 event 对象。触发一个事件，就会产生一个事件对象，该对象包含所有与事件有关的信息，包括触发事件的元素、事件的类型以及其他与特定事件相关的信息。例如，鼠标操作产生的事件对象中会包含鼠标指针位置的信息；键盘操作产生的事件对象中会包含与按键有关的信息。

所有浏览器都支持事件对象，但支持方式不同。在 DOM 中事件对象必须作为唯一的参数传给事件处理函数；在 IE 浏览器中，事件对象是 window 对象的一个属性。

1．获取事件对象

内联事件会创建一个包含局部变量 event 的函数，可通过 event 直接访问事件对象，如下所示：

```
<input id="btn" type="button" value="click" onclick
       =" console.log('HTML 内联事件处理程序'+event.type)"/>
```

如果将事件处理方法单独写在 script 标签中，事件处理程序会把 event 作为参数传入。如下所示：

```
<body>
    <input id="btn" type="button" value="click"/>
    <script>
     var btn=document.getElementById("btn");
     btn.addEventListener("click", function (event) {
         console.log("DOM2 & click");
         console.log(event.type);      //单击
     },false);
    </script>
</body>
```

2．事件对象常用属性和方法

事件触发后，事件对象不仅包含特定事件的信息，还会包含一些属性和方法。

- bubbles：返回布尔值，指示事件是否是冒泡事件类型。
- cancelable：返回布尔值，指示事件是否可用可取消的默认动作。
- currentTarge：返回其事件监听器触发该事件的元素。
- eventPhase：返回事件传播的当前阶段。
- target：返回触发此事件的元素（事件的目标节点）。
- timeStamp：返回事件生成的日期和时间。
- type：返回当前事件对象表示的事件的名称。
- initEvent()：初始化新创建的事件对象的属性。
- preventDefault()：通知浏览器不要执行与事件关联的默认动作。
- stopPropagation()：不再派发事件。

【案例 5-3】鼠标单击事件对象。

```
<html>
<head>
```

```
  <title>5-3 鼠标单击事件对象</title>
  <script>
    function whichButton(event) {
      var btnNum = event.button;
      if (btnNum == 2) {
        alert("您单击了鼠标右键！")
      }
      else if (btnNum == 0) {
        alert("您单击了鼠标左键！")
      }
      else if (btnNum == 1) {
        alert("您单击了鼠标中键！");
      }
      else {
        alert("您单击了" + btnNum + "号键，我不能确定它的名称。");
      }
    }
  </script>
</head>
<body onmousedown="whichButton(event)">
  <p>请在文档中单击鼠标。一个消息框会提示您单击了哪个鼠标按键。</p>
</body>
</html>
```

在案例 5-3 中实现单击鼠标时，对单击的鼠标按键进行判断。这使用了事件对象的 button 属性，button 属性可返回一个整数，指示当事件被触发时哪个鼠标按键被单击。通常 0 表示鼠标左键，1 表示鼠标中键，2 表示鼠标右键。对于惯用左手者的鼠标配置，参数是颠倒的。运行效果如图 5-1 所示。

图 5-1　事件对象的 button 属性

5.2.7　取消事件默认行为

在使用 JavaScript 编程时可能会遇到一个问题，即有些元素标签拥有一些特殊的行为。例如，单击 a 标签后，会自动跳转到 href 属性指定的 URL 链接；单击表单的 submit 按钮后，会自动将表单数据提交到指定的服务器端进行处理。我们把标签具有的这些行为称为默认行为。

但是在实际开发中，为了使程序更加严谨，只有确定含有默认行为的标签符合要求后，才能执行默认行为。

例如，需要取消链接的跳转，可以使用如下代码：

```
<div id='div'  onclick='alert("div");'>
        <ul  onclick='alert("ul");'>
                <li id='ul-a' onclick='alert("li");'>
                        <a href="http://www.whvcse.edu.cn/"id="test">武软</a>
                </li>
        </ul>
</div>
<script>
        var a = document.getElementById("testB");
        a.onclick = function(){
                return false;}
</script>
```

在没有使用事件绑定时，直接把事件处理函数绑定到元素上，因此可以通过返回 false 取消默认行为。换言之，如果在链接上使用这种办法，就可以阻止浏览器执行链接跳转到新的地址；如果在表单上使用，就可以阻止表单提交。如果使用事件绑定，就不能用同样的方式取消事件的默认行为了，就要利用事件对象的 preventDefault()方法和 returnValue 属性，禁止所有浏览器执行元素的默认行为。

preventDefault()方法是事件对象的一个方法，作用是取消一个目标事件的默认行为。既然是默认行为，只有当事件有默认行为才能被取消，如果事件本身就没有默认行为，调用当然无效。当事件对象的 cancelable 属性为 false 时，表示没有默认行为，这时即使有默认行为，调用 preventDefault()方法也是不会起作用的。

标签 a 的默认行为就是跳转到指定页面，如下代码可实现阻止它的跳转：

```
<div id='div'  onclick='alert("div");'>
        <ul  onclick='alert("ul");'>
                <li id='ul-a' onclick='alert("li");'>
                        <a href="http://www.whvcse.edu.cn/"id="test">武软</a>
                </li>
        </ul>
</div>
<script>
        var a = document.getElementById("testB");
        a.onclick = function(e){
                e.preventDefault();
        }
</script>
```

拥有取消事件默认行为的能力，就能对事件到达哪个元素并进行处理有完全的控制，这是开发动态的 Web 应用程序所需的一个非常重要的能力。取消事件的默认行为，允许完全改写事件的行为并实现新的功能以替代之。

【案例 5-4】取消事件默认行为。

```
<html>
<head>
  <title>5-4 取消事件默认行为</title>
  <style type="text/css">
      …
  </style>
  <link rel="stylesheet" href="">
```

```html
    <script src=""> </script>
</head>
<body>
  <h2>
    图片
  </h2>
  <div id="imagegallery">
      <a href="images/1.jpg" title="图片 1">
        <img src="images/1-small.jpg" width="100px" alt="图片 1" />
      </a>
      <a href="images/2.jpg" title="图片 2">
        <img src="images/2-small.jpg" width="100px" alt="图片 2" />
      </a>
      <a href="images/3.jpg" title="图片 3">
        <img src="images/3-small.jpg" width="100px" alt="图片 3" />
      </a>
      <a href="images/4.jpg" title="图片 4">
        <img src="images/4-small.jpg" width="100px" alt="图片 4" />
      </a>
  </div>
  <div style="clear:both"></div>
  <img id="image" src="images/placeholder.png" alt="" width="450px" />
  <p id="des">选择一张图片</p>
  <script>
    var imagegallery = document.getElementById('imagegallery');
    var links = imagegallery.getElementsByTagName('a');
    //遍历所有的 a 标签，给 a 标签绑定单击事件
    for (var i = 0; i < links.length; i++) {
      var link = links[i];
      link.onclick = function (e) {
        var img = document.getElementById("image");
        var des = document.getElementById("des");
        img.src = this.href;
        des.innerText = this.title;
        if (e.preventDefault) { //取消 a 标签的跳转功能
          e.preventDefault();
        }
        else {
          window.event.returnValue == false;
        }
      }
    }
  </script>
</body>
</html>
```

在案例 5-4 中，图片是嵌入 a 标签中的，所以当单击图片以后就会触发跳转事件，而本案例的目的是通过单击小图，在本页面同时显示大图，所以需要在单击小图的时候取消事件默认行为，使用 preventDefault() 方法和 returnValue 属性分别针对非 IE 浏览器和 IE 浏览器进行处理。

139

本案例中除单击小图显示大图以外，也将图片的 title 属性在页面 p 标签中显示。

想取消默认行为，如果不用事件对象的属性和方法，也可以用非常简单的 return false 语句实现。

5.2.8 绑定事件的取消

前面介绍了如何对事件进行绑定，对于绑定的事件，如果不再需要的时候，需要取消。

（1）使用 on 绑定的事件

```
<body>
  <div id="id">on 绑定事件</div>
  <script>
    var div = document.getElementById('id');
    div.onclick = function(){
      console.log('甲需要红背景');
      div.setAttribute('style', 'background: #ff0000');
    }
    div.onclick = null;    //解绑时，只要将事件替换成 null 即可
  </script>
</body>
```

只需要将绑定的事件替换成 null 即可取消绑定。这种绑定的特点是兼容性很好，所有浏览器都支持。

（2）使用 addEventListener()方法绑定的事件

使用 addEventListener()方法绑定的事件，不同浏览器采取不同的处理方式，所以解绑也不一样。

使用 addEventListener()方法绑定的事件可以使用 removeEventListener(event,function,useCapture)来处理，第三个参数一般填写默认值 false 或不填，因为大多数情况下，都是将事件处理程序添加到事件流的冒泡阶段，这样可以最大限度地兼容各种浏览器。如果不是特别需要，不建议在事件捕获阶段绑定事件处理程序。

```
box.addEventListener("click", function() {
  console.log("绑定");
})
// 单击 btn 移除 box 上的事件
btn.onclick = function() {
  box.removeEventListener("click", function() {
      console.log("移除");
  })
}
```

5.3 事件处理高级应用

微课 5.3 事件
处理高级应用

前面大致介绍了事件与 DOM 中的相关技术以及如何使用 JavaScript 处理事件，下面介绍事件处理中的高级应用。

5.3.1　事件捕获、冒泡和委托

事件触发的时候，首先从最高层的 document 开始，向下传播到实际触发事件的元素（捕获阶段），然后反过来向上传播事件（冒泡阶段）。在这种 W3C 标准方式里，事件处理器可以放在任意一个阶段。如果在捕获阶段停止了事件，下方的元素就不会接收到事件。类似地，在冒泡阶段也可以停止事件，不让它继续向上冒泡。图 5-2 显示的就是事件捕获和事件冒泡的流程。

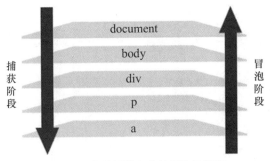

图 5-2　事件捕获和事件冒泡的流程

用 stopPropagation()方法可以停止事件在 DOM 树中继续向上或向下传播：

```
evt.stopPropagation();
```

冒泡型事件的基本思想是：事件按照从最特定的事件目标到最不特定的事件目标（document 对象）的顺序触发。代码如下：

```
<html>
  <head>
    <title>冒泡过程</title>
  </head>
  <body onclick="handleClick()">
    <div onclick="handleClick()">Click Me</div>
  </body>
</html>
```

如果用户使用 IE 浏览器并单击了页面中的 div 元素，则事件按以下顺序冒泡：div、body、html、document。在 IE6.0 浏览器中的冒泡过程如图 5-3 所示。

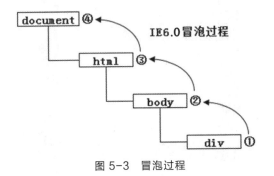

图 5-3　冒泡过程

【案例 5-5】事件冒泡。

```html
<html>
  <head>
  <title>5-5 事件冒泡</title>
    <style>
    …
    </style>
    <script>
      window.onload = function() {
          document.getElementById("body").addEventListener
                                ("click",eventHandler,false);
      }
      function eventHandler(event) {
          alert(" 产生事件的节点: " + event.target.id +"  当前节点: " +
              event.currentTarget.id);
      }
    </script>
  </head>
  <body id="body">
  <div id="box1" class="box1">
    <div id="box2" class="box2">
        <span id="span">这是最里面的 span</span>
    </div>
  </div>
  </body>
</html>
```

页面里面有三个简单的 DOM 元素：id 值为 box1 的 div、id 值为 box2 的 div、span。id 值为 box2 的 div 包含 span，id 值为 box1 的 div 包含 id 值为 box2 的 div，而它们都在 body 下。给 body 添加 click 事件监听，当 body 捕获到事件时，就弹出对话框打印触发事件的节点信息。

无论是 body，body 的子元素第一个 div，第一个 div 的子元素第二个 div，还是 span，当这些元素被单击时，都会触发 click 事件，并且 body 都会捕获到，然后调用相应的事件处理函数。就像水中的气泡从下往上冒一样，事件也会往上传递，如图 5-4 所示。

图 5-4　事件冒泡

现在对案例 5-5 进行改进，想让代码呈现出以下效果：在单击第一个 div 元素的时候，弹出"您好，我是最外层 div。"对话框；单击第二个 div 元素的时候，弹出"您好，我是第二层 div。"对话框；单击 span 的时候，弹出"您好，我是 span。"对话框。

将 script 标签中的代码改成以下内容：

```
<script>
  window.onload = function() {
        document.getElementById("box1").addEventListener("click",
                                      function(event){
                alert("您好，我是最外层 div。");
        },false);
        document.getElementById("box2")
                .addEventListener("click",function(event){
                alert("您好，我是第二层 div。");
        },false);
        document.getElementById("span").addEventListener
                                ("click",function(event){
                alert("您好，我是 span。");
        },false);
  }
</script>
```

预期单击 span 的时候，会弹出一个"您好，我是 span。"的对话框。运行时确实弹出了这个对话框，但是也接连弹出了后续两个对话框，如图 5-5 所示。

图 5-5　修改后的事件冒泡

这显然不符合预期，这里希望的是单击谁就显示谁的信息。为什么会出现上述的情况呢？原因就在于事件的冒泡，单击 span 的时候，span 会把产生的事件往上冒泡，作为父节点的第二个 div 元素和作为祖父节点的第一个 div 元素也会收到此事件，于是做出事件响应，执行响应函数。

对某一个节点而言，如果不想它现在处理的事件继续往上冒泡的话，可以终止冒泡。在相应的事件处理方法内，调用 stopPropagation() 方法，终止事件的广播分发，这样事件停留在本节点，不会再往外传播。将前面的 script 标签中的代码修改如下：

```
<script>
  window.onload = function() {
      document.getElementById("box1").addEventListener
                              ("click",function(event){
          alert("您好，我是最外层 div。");
          event.stopPropagation();
      });
      document.getElementById("box2").addEventListener
                              ("click",function(event){
          alert("您好，我是第二层 div。");
          event.stopPropagation();
      });
      document.getElementById("span").addEventListener
                              ("click",function(event){
          alert("您好，我是 span。");
          event.stopPropagation();
      });
  }
</script>
```

这种方法为了实现单击特定的元素显示对应的信息，要求每个元素的子元素也必须终止事件的冒泡传递，即和别的元素在功能上强关联，这种方法会很脆弱。例如，如果 span 元素的事件处理函数没有执行冒泡终止，则事件会传到第二个 div 元素，这样会显示第二个 div 元素的提示信息。

如果需要节点只处理自己触发的事件，不是自己产生的事件不处理，可以判断 event.target 属性和 event.currentTarget 属性的值是否相等。event.target 属性引用了产生此事件对象的 DOM 节点，event.currentTarget 属性则引用了当前事件处理方法所属节点，当这两个属性值相等时表示事件是节点自己触发的。

例如，span 单击事件会产生一个事件对象，event.target 属性指向 span 元素，span 处理此事件时，event.currentTarget 属性指向的也是 span 元素，这时判断两者相等，则执行相应的事件处理函数。而事件传递给第二个 div 元素的时候，event.currentTarget 属性的指向变成第二个 div 元素，这时候判断两者不相等，即事件不是第二个 div 元素本身产生的，就不执行事件处理函数。script 标签中的代码如下：

```
<script>
  window.onload = function() {
  document.getElementById("box1").addEventListener("click",function(event){
      if(event.target == event.currentTarget){
          alert("您好，我是最外层 div。");
      }
  });
  document.getElementById("box2").addEventListener("click",function(event){
      if(event.target == event.currentTarget){
        alert("您好，我是第二层 div。");
      }
  });
  document.getElementById("span").addEventListener("click",function(event){
      if(event.target == event.currentTarget){
```

```
            alert("您好，我是 span。");
        }
    });
}
</script>
```

这段代码为每一个元素都增加了事件监听处理函数，事件的处理逻辑都很相似，即都有判断 if(event.target == event.currentTarget)，这样存在很大的代码冗余。现在仅有 3 个元素，当有十几个、上百个元素又该怎么办呢？另外，为每一个元素增加处理函数，在一定程度上会增加逻辑和代码的复杂度。

既然事件是冒泡传递的，那可以让某个父节点统一处理事件，通过判断事件的发生地（即事件触发的节点），然后做出相应的处理。下述代码给 body 元素添加事件监听，然后通过判断 event.target 属性对不同的 target 产生不同的行为。

```
<script>
    window.onload = function() {
        document.getElementById("body").addEventListener
                                ("click",eventPerformed);
    }
    function eventPerformed(event) {
        var target = event.target;
        switch (target.id) {
            case "span":
                alert("您好，我是 span。");
                break;
            case "box2":
                alert("您好，我是第二层 div。");
                break;
            case "box1":
                alert("您好，我是最外层 div。");
                break;
        }
    }
</script>
```

通过以上方式，我们把本来每个元素都要有的处理函数，都交给了其祖父节点 body 元素。也就是说，span、第二个 div 元素、第一个 div 元素将自己的响应逻辑委托给 body，让它来实现相应逻辑，自己不实现相应逻辑，这个模式就是所谓的事件委托。

【案例 5-6】事件委托应用。

```
<html>
  <head>
    <title>5-6 事件委托应用</title>
    <style type="text/css">
      li {
        padding:80px 20px;
        width:200px;
        list-style:none;
        float:left;
        border:1px solid blue;
        text-align:center;
```

```
        }
      </style>
      <script type="text/javascript">
        function checkPiece(evt){
          var evt = evt || window.event;
          var target = evt.target || evt.srcElement;
          alert(target.innerHTML);
        }
        window.onload=function(){
          var el = document.getElementById('pieces');
          el.onclick = checkPiece;
        }
      </script>
    </head>
    <body>
      <ul id="pieces">
        <li>鲨鱼</li>
        <li>狮子</li>
        <li>老虎</li>
        <li>大象</li>
        <li>海豚</li>
        <li>松鼠</li>
        <li>犀牛</li>
        <li>斑马</li>
      </ul>
    </body>
  </html>
```

在案例 5-6 中，无序列表中每一个列表项目代表一张卡片。仅在无序列表容器 ul 上添加了事件处理器，而不需要分别给每一个列表项目添加事件处理器。

只要单击无序列表的任何元素，事件就会被送到函数 checkPiece()。在该函数中可以通过事件对象找到具体是哪一个 li 元素被单击，然后根据被单击元素的 innerHTML 属性就可以显示该元素的内容了。运行结果如图 5-6 所示。

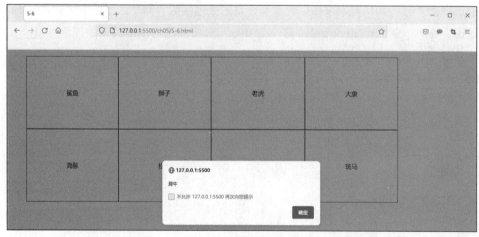

图 5-6　事件委托应用

事件捕获是指事件从最顶层的 window 对象开始逐渐往下传播,由 window 对象最早接收事件,最底层的具体被操作的元素最后接收事件。当用户单击 div 元素时,采用事件捕获,则 click 事件按照图 5-7 所示方式传播。

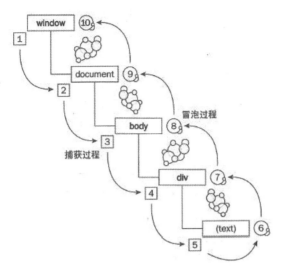

图 5-7　事件捕获时的传播

5.3.2　标准事件流

事件发生时会在元素节点与根节点之间按照特定的顺序传播,路径所经过的所有节点都会收到该事件,这个传播过程即 DOM 事件流。

事件传播的顺序对应浏览器的两种事件流模型。

① 冒泡型事件流:事件的传播是从最特定的事件目标到最不特定的事件目标,即从 DOM 树的叶子到根。

② 捕获型事件流:事件的传播是从最不特定的事件目标到最特定的事件目标,即从 DOM 树的根到叶子。

```html
<html>
  <head lang="en">
    <meta charset="UTF-8">
    <title></title>
  </head>
  <body>
    <div>Click me!</div>
  </body>
</html>
```

上面这段 HTML 代码中,单击了页面中的 div 元素,在冒泡型事件流中 click 事件传播顺序为 div→body→html→document;在捕获型事件流中 click 事件传播顺序为 document→html→body→div。

所有现代浏览器都支持事件冒泡,但在具体实现中略有差别。

147

在 IE5.5 及更早版本的浏览器中，事件冒泡会跳过元素（从 body 直接跳到 document）。在 IE9、Firefox、Chrome 和 Safari 浏览器中则将事件一直冒泡到 window 对象。

IE9、Firefox、Chrome、Opera 和 Safari 浏览器都支持事件捕获。尽管 DOM 标准要求事件应该从 document 对象开始传播，但这些浏览器都是从 window 对象开始捕获事件的。由于旧版本浏览器不支持，因此很少有人使用事件捕获。建议使用事件冒泡。

DOM 标准规定事件流包括 3 个阶段：事件捕获阶段、处于目标阶段和事件冒泡阶段。

① 事件捕获阶段：实际目标 div 在捕获阶段不会接收事件，即在捕获阶段事件从 document 到 html 再到 body 就停止了。

② 处于目标阶段：事件在 div 上发生并处理，但是事件处理会被看成是冒泡阶段的一部分。

③ 事件冒泡阶段：事件又传播回 document。

绑定事件时使用 addEventListener()方法，它有 3 个参数，第三个参数若是 true，则表示采用事件捕获；若是 false（默认），则表示采用事件冒泡。

【案例 5-7】事件流。

```html
<!DOCTYPE html>
<html>
<head>
  <title>5-7 事件流</title>
  <style type="text/css">
    .b3{
      background-color:gray;
      color:White;
      top:50px;
      width:100px;
      height:50px;
    }
    .b2{
      background-color:blue;
      color:White;
      top:50px;
      width:150px;
      height:50px;
    }
    .b1{
      background-color: brown;
      color:White;
      top:50px;
      width:200px;
      height:50px;
    }
  </style>
</head>
<body>
  <div id="box1" class="b1">box1
    <div id="box2" class="b2">box2
      <div id="box3" class="b3">box3</div>
    </div>
  </div>
```

```
<script>
  box1.addEventListener('click', function () {
    console.log('box1 捕获阶段');
  }, true);
  box2.addEventListener('click', function () {
    console.log('box2 捕获阶段');
  }, true);
  box3.addEventListener('click', function () {
    console.log('box3 捕获阶段');
  }, true);
  box1.addEventListener('click', function () {
    console.log('box1 冒泡阶段');
  }, false);
  box2.addEventListener('click', function () {
    console.log('box2 冒泡阶段');
  }, false);
  box3.addEventListener('click', function () {
    console.log('box3 冒泡阶段');
  }, false);
</script>
</body>
</html>
```

在案例 5-7 中，对于 3 个 div 元素来说，都同时包含事件冒泡和事件捕获阶段。当单击第三个 div 元素时，事件流首先进入捕获阶段。单击事件会首先由第一个 div 元素捕获到，然后由第一个 div 元素传给第二个 div 元素，第二个 div 元素传给第三个 div 元素，至此捕获阶段结束。

此时事件流进入冒泡阶段，将由第三个 div 元素开始从下往上冒泡将单击事件传播给第二个 div 元素再到第一个 div 元素。

本章小结

本章介绍了事件的概念，以及浏览器中事件的触发与处理，着重介绍了使用 JavaScript 语言处理事件的方法。还介绍了如何利用 DOM 绑定事件，以及在不同浏览器中不同的事件处理方法。

此外，本章还介绍了事件流的概念，以及两种不同的事件流——冒泡型事件流和捕获型事件流。

后面章节将以本章介绍的内容为基础，不仅解释前面用过的一些技巧背后的原理，还会进一步深入更高级的 JavaScript 编程，并学习一些由于 JavaScript 库的出现而变得十分流行的技术。

习 题

5-1　什么是浏览器事件？

5-2 简述事件和 DOM 的关联。

5-3 简述内联事件处理的优缺点。

5-4 简单比较不同浏览器绑定事件的不同。

5-5 简述事件捕获和冒泡的过程。

综合实训

目标

利用本章所学知识，将案例 5-6 创建的页面改造成一个简单的卡片匹配游戏。

准备工作

在进行本实训前，必须学习完本章的全部内容，并掌握 DOM 操作方法和 JavaScript 中可用的全部事件处理方法。

实训预估时间：120min

要求在页面中创建一个简单的卡片匹配游戏。游戏逻辑如下。

初始状态页面中间显示图 5-8 所示的 8 张卡片，每张卡片背后都有一个动物名称。

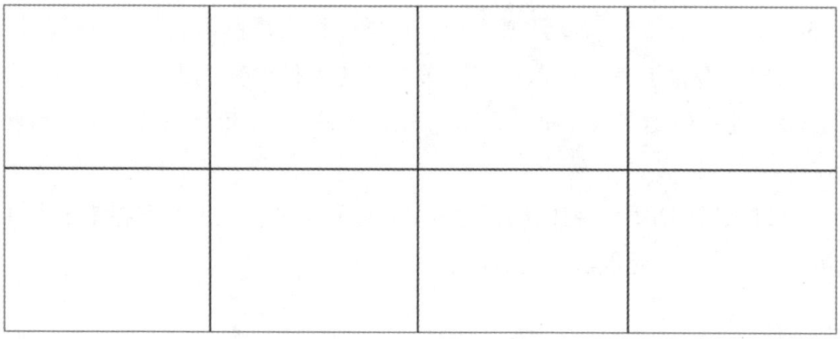

图 5-8 初始状态页面

当用户单击一张卡片时，卡片上会显示该卡片对应的动物名称，如图 5-9 所示。

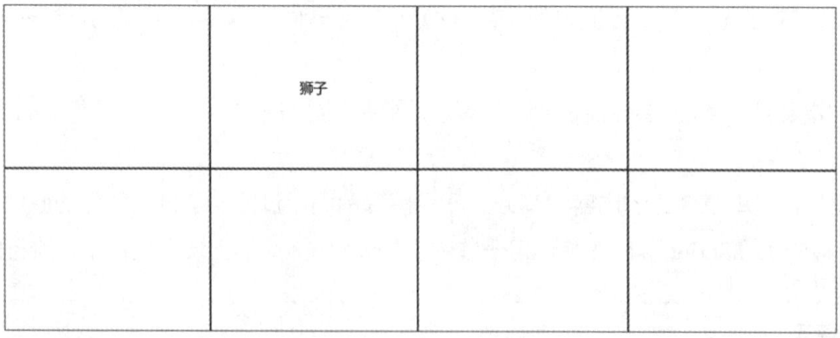

图 5-9 单击了一张卡片

当用户再单击另一张卡片时，如果该卡片对应的动物名称和上一张卡片显示的动物名称相同的话，则提示用户匹配成功，然后这次单击的卡片和上次单击的卡片都会一直显示其对应的名称，如图 5-10 所示；如果该卡片对应的动物名称和上一张卡片显示的动物名称不相同的话，则提示用户匹配不成功，如图 5-11 所示，然后当前显示动物名称的卡片和上一次单击后显示动物名称的卡片会同时隐藏对应的动物名称，回到初始状态页面。

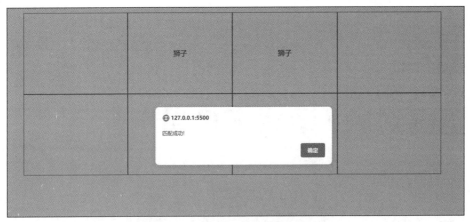

图 5-10　单击了一张卡片并匹配成功

图 5-11　单击了一张卡片且匹配不成功

最后，不断重复上述过程，直到所有卡片对应的动物名称都显示出来之后，提示用户匹配全部完成，游戏结束。

第6章
浏览器对象模型（BOM）

本章导读

本章将介绍浏览器对象模型（Browser Object Model，BOM），以及组成 BOM 的一系列对象 window、location、navigator 和 screen 等。

本章要点

- BOM 的概念
- BOM 的各个对象

6.1　BOM 概述

当用户在浏览器中打开一个页面时，浏览器就会自动创建一些对象，这些对象中存放了浏览器窗口的属性和其他的相关信息，通常被称为浏览器对象。BOM 是一个层次化的对象集，每个层次上的对象都可以通过它们的父对象来访问。我们可以通过 window 对象访问 BOM 中的所有对象，它是顶层的对象。

微课 6.1　BOM
概述

浏览器的行为包括跳转到另一个页面、前进、后退、改变窗口大小和打开新窗口等，有些时候 JavaScript 还需要获取屏幕的大小之类的参数，BOM 就是为了解决这些问题而出现的。例如要让浏览器跳转到另一个页面，只需要令 location.href="http://www.****.com"，这个 location 就是 BOM 里的一个对象。

由于 BOM 的 window 对象包含 document 属性，该属性引用了 DOM 的根节点，因此通过 window.document 属性就可以访问、检索、修改 HTML 文档的内容与结构。

可以说，BOM 包含 DOM（对象），浏览器提供了 BOM 对象的访问接口，从 BOM 对象又可以访问 DOM 对象，从而可以使用 JavaScript 操作浏览器以及浏览器中的 HTML 文档。

6.1.1　BOM 与 DOM 的关系

DOM 是 W3C 的标准，是所有浏览器共同遵守的标准。DOM 是为了操作文档而出现的 API，document 是其中的一个对象。

BOM 是 DOM 在各个浏览器上的实现，表现为不同浏览器定义有差别，实现方式不同。BOM 是为了操作浏览器而出现的 API，window 是其中的一个对象。

BOM 是浏览器对象模型，DOM 是文档对象模型，前者是对浏览器本身进行操作，而后者是对浏览器（可看成容器）内的内容进行操作。

在一个页面中，DOM 管理 document。document 是由 Web 开发人员"呕心沥血"写出来的一个文件夹，里面有 index.html、CSS 代码和 JavaScript 代码，部署在服务器上，我们可以通过在浏览器的地址栏输入 URL，然后按"Enter"键将 document 加载到本地，进行浏览、查看源代码等操作。

BOM 管理浏览器除 DOM 之外的部分，包括浏览器的标签页、地址栏、搜索栏、书签栏，以及窗口的缩放、创建和关闭等，另外还包括浏览器的菜单栏、快捷菜单、状态栏和滚动条。BOM 的核心是 window 对象，而 window 对象又具有双重角色，它既是通过 JavaScript 访问浏览器窗口的一个接口，又是一个全局对象。这意味着在网页中定义的任何对象、变量和函数，都以 window 对象作为其全局对象。

window 对象包含的属性：document、location、navigator、screen、history、frames 等。

document 根节点包含的子节点：forms、location、anchors、images、links 等。

从 window.document 属性可以看出，DOM 的最根本的对象是 BOM 的 window 对象的子对象。

6.1.2　BOM 的结构

BOM 提供了很多的对象，这些对象用于访问浏览器，被称为浏览器对象。各浏览器对象之间按照某种层次组织起来的模型称为 BOM，其结构如图 6-1 所示。

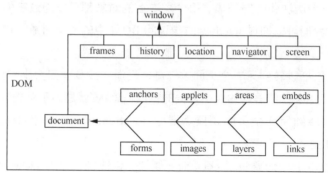

图 6-1　BOM 结构

6.2　window 对象

window 对象表示浏览器中打开的窗口，提供关于窗口状态的信息。可以用 window 对象访问窗口中显示的文档、窗口中发生的事件和影响窗口的浏览器特性。

在 JavaScript 中，window 对象是全局对象，所有的表达式都在当前的环境中计算。也就是说，引用当前窗口根本不需要特殊的语法，可以将 window 对象的属性作为全局变量来使用。例如，可以只写 document，而不必写 window.document。

微课 6.2
window 对象

window 对象是 BOM 的顶层（核心）对象，所有对象都是通过它延伸出来的，也可以将它们称为 window 的子对象。

```
document.write("www.*****.com");
window.document.write(<a href="http://www.*****.com">www.*****.com</a>);
```

由于 window 是顶层对象，因此调用它的子对象时可以不显式地指明 window 对象。

6.2.1　window 对象基本操作

window 对象属性如表 6-1 所示。

表 6-1　window 对象属性

属性	描述
closed	返回窗口是否已被关闭
defaultStatus	设置或返回窗口状态栏中的默认文本
document	对 document 对象的只读引用。请参阅 document 对象

续表

属性	描述
frames	返回窗口中所有命名的框架。返回值是 window 对象的数组，每个 window 对象在窗口中含有一个框架
history	对 history 对象的只读引用。请参阅 history 对象
innerHeight	返回窗口文档显示区的高度
innerWidth	返回窗口文档显示区的宽度
localStorage	在浏览器中存储键值对。没有过期时间
length	设置或返回窗口中的框架数量
location	用于窗口或框架的 location 对象。请参阅 location 对象
name	设置或返回窗口的名称
navigator	对 navigator 对象的只读引用。请参阅 navigator 对象
opener	返回对创建此窗口的窗口的引用
outerHeight	返回窗口的外部高度，包含工具条与滚动条
outerWidth	返回窗口的外部宽度，包含工具条与滚动条
pageXOffset	设置或返回当前页面相对于窗口显示区左上角的 x 坐标
pageYOffset	设置或返回当前页面相对于窗口显示区左上角的 y 坐标
parent	返回父窗口
screen	对 screen 对象的只读引用。请参阅 screen 对象
screenLeft	返回相对于屏幕窗口的 x 坐标
screenTop	返回相对于屏幕窗口的 y 坐标
screenX	返回相对于屏幕窗口的 x 坐标
screenY	返回相对于屏幕窗口的 y 坐标
sessionStorage	在浏览器中存储键值对。在关闭窗口或标签页之后将会删除这些数据
self	返回对当前窗口的引用。等价于 window 属性
status	设置窗口状态栏的文本
top	返回顶层的父窗口

其中常用的属性如下。

- history：有关用户访问过的 URL 的信息。
- location：有关当前 URL 的信息。
- screen：包含有关客户端显示屏的信息。
- window.location=http://www.*****.cn：表示页面跳转。

window 对象方法如表 6-2 所示。

表 6-2　window 对象方法

方法	描述
alert()	显示带有一段消息和一个"确定"按钮的警告框
blur()	把键盘焦点从顶层窗口移开

方法	描述
clearInterval()	取消由 setInterval()设置的时间间隔
clearTimeout()	取消由 setTimeout()方法设置的超时时间
close()	关闭浏览器窗口
confirm()	显示带有一段消息以及"确定"按钮和"取消"按钮的对话框
createPopup()	创建一个弹出窗口
focus()	把键盘焦点给予一个窗口
moveBy()	相对窗口的当前坐标移动指定的像素
moveTo()	把窗口的左上角移动到一个指定的坐标
open()	打开一个新的浏览器窗口或查找一个已命名的窗口
print()	输出当前窗口的内容
prompt()	显示可提示用户输入的对话框
resizeBy()	按照指定的像素调整窗口的大小
resizeTo()	把窗口的大小调整到指定的宽度和高度
scrollBy()	按照指定的像素值来滚动内容
scrollTo()	把内容滚动到指定的坐标
setInterval()	按照指定的周期（以毫秒计）来调用函数或计算表达式
setTimeout()	在指定的毫秒数后调用函数或计算表达式

window 对象对操作浏览器窗口非常有用，这意味着浏览器窗口的大小是可以移动或调整的，可用下面 4 种方法来实现。

① moveBy(dx,dy)：将浏览器窗口相对当前坐标水平移动 dx 个像素，垂直移动 dy 个像素；若 dx 值为负数，向左移动窗口；若 dy 值为负数，向上移动窗口。

② moveTo(x,y)：移动浏览器窗口，使它的左上角位于用户屏幕的(x,y)处，可以使用负数，但是会把部分窗口移出屏幕的可视区域。

③ resizeBy(dw,dh)：相对于浏览器窗口的当前大小，将窗口的宽度调整 dw 个像素，高度调整 dh 个像素；若 dw 为负数，缩小窗口的宽度；若 dh 为负数，缩小窗口的高度。

④ resizeTo(w,h)：将浏览器窗口的宽度调整为 w 像素，高度调整为 h 像素，不能使用负数。
例如下面的代码示例。

将浏览器窗口相对于当前坐标水平向右移动 20px，垂直向下移动 15px，代码如下：
```
window.moveBy(20,15);
```
将浏览器窗口移动到用户屏幕的水平方向 100px、垂直方向 100px 处，代码如下：
```
window.moveTo(100,100);
```
将浏览器窗口的宽度调整为 240px，高度调整为 360px，代码如下：
```
window.resizeTo(240,360);
```
相对于浏览器窗口的当前大小，将宽度减少 50px，高度不变，代码如下：
```
window.resizeBy(-50,0);
```
假设既调整了浏览器窗口大小，又调整了它的位置，却没有做任何记录，要想知道该浏览器窗口在屏幕上的位置以及它的大小，就会有问题，因为对于浏览器来说缺乏相应的标准。

IE 浏览器提供了 window.screenLeft 和 window.screenTop 属性来判断窗口的位置，但未提供任何判断窗口大小的方法。用 document.body.offsetWidth 和 document.body.offsetHeight 属性可以获取窗口的大小（显示 HTML 页面的区域），但它们不是标准属性。

Firefox 浏览器提供了 window.screenX 和 window.screenY 属性来判断窗口的位置。它还提供了 window.innerWidth 和 window.innerHeight 属性来判断文档显示区的大小、window.outerWidth 和 window.outerHeight 属性来判断浏览器窗口自身的大小。

Opera 和 Safari 浏览器也提供与 Firefox 浏览器相似的属性。

6.2.2 打开新窗口

用 JavaScript 可以导航到指定的 URL，并用 window.open()方法打开新窗口。该方法接收 4 个参数，即要载入新窗口的页面的 URL、新窗口的名字、特性字符串和说明是否用新载入的页面替换当前载入的页面的布尔值。一般只用前 3 个参数，因为最后一个参数只有在调用 window.open()方法但不打开新窗口时才有效。window.open()方法的语法格式如下。

```
window.open(URL,name,specs,replace)
```

参数说明如下。

URL：打开指定的页面的 URL。

name：指定 target 属性或窗口的名称，支持以下值。

　_blank：URL 加载到一个新的窗口，这是默认值。

　_parent：URL 加载到父框架。

　_self：URL 替换当前页面。

　_top：URL 替换任何可加载的框架集。

specs：一个逗号分隔的项目列表。specs 支持的项目如表 6-3 所示。

replace：规定了装载到窗口的 URL 是在窗口的浏览历史中创建一个新条目，还是替换浏览历史中的当前条目，支持以下值。

　true：URL 替换浏览历史中的当前条目。

　false：URL 在浏览历史中创建新的条目。

表 6-3　specs 支持的项目

项目	值	说明
left	number	指定新创建的窗口的左侧位置，能为负数
top	number	指定新创建的窗口的顶部位置，不能为负数
height	number	设置新创建的窗口的高度，该数字不能小于 100
width	number	设置新创建的窗口的宽度，该数字不能小于 100

项目	值	说明
resizable	yes、no	判断新窗口是否能通过拖动边线调整大小，默认值是 no
scrollable	yes、no	判断新窗口的视口容不下要显示的内容时是否允许滚动，默认值是 no
toolbar	yes、no	判断新窗口是否显示工具栏，默认值是 no
status	yes、no	判断新窗口是否显示状态栏，默认值是 no
location	yes、no	判断新窗口是否显示地址栏，默认值是 no

【案例 6-1】打开新窗口。

```html
<html>
<head>
  <title>6-1 打开新窗口</title>
</head>
<body>
  <input type="button" value="新的窗口" id="btn">
</body>
<script>
  var btn = document.getElementById("btn");
  btn.onclick = function () {
    myWindow = window.open('adv.html', '_blank', 'width:200px height:200px
                          top:20px left:20px')   //打开空白的新窗口
    myWindow.document.write("<h1>这是新打开的窗口</h1>"); //在新窗口中输出信息
    myWindow.focus();//让新窗口获取焦点
    myWindow.opener.document.write("<h1>这是原来的窗口</h1>");//在原窗口中输出
  }
</script>
</html>
```

打开新窗口需要预先制作好空白页面，假设为 adv.html。在案例 6-1 的页面中单击按钮后会自动打开新窗口。

使用 window 对象的 close()方法可以关闭一个窗口，使用 window.closed 属性可以检测当前窗口是否关闭，如果已关闭返回 true，否则返回 false。案例 6-2 演示自动弹出一个窗口，然后单击按钮关闭该窗口，同时允许用户单击页面超链接，更换弹出窗口内显示的网页 URL。

【案例 6-2】关闭窗口。

```html
<html>
<head>
  <title>6-2 关闭窗口</title>
</head>
<body onLoad="openwindow( )">
</body>
<input type="button" value="关闭新的窗口" id="btn">
<script type="text/javascript">
  function openwindow() {
      var url = "https://www.ptpress.com.cn/ca/";
      var featrues = "height=500, width=800, top=100, left=100,
                      toolbar=no, menubar=no, scrollbars=n0,
                      resizable=no, location=no, status=no";
```

```
            document.write('<a href="https://www.ptpress.com.cn/"
                    target="newW">切换到人民邮电出版社首页</a>');
            var body = document.body;
            var btn = document.createElement('input');
            btn.type = "button";
            btn.value = "关闭新的窗口";
            btn.id = "btn";
            body.appendChild(btn);
            var me = window.open(url, "newW", featrues);
            btn.onclick = function () {
                if (me.closed) {
                    alert("创建的窗口已经关闭。");
                } else {
                alert("创建的窗口未关闭，即将关闭。");
                    me.close();
                }
            }
    }
</script>
</html>
```

很多浏览器会禁止使用 JavaScript 弹出窗口，如果在浏览器禁止的情况下，使用 open()
方法打开新窗口，将会抛出一个异常，说明打开窗口失败。为了避免此类问题出现，同时为
了了解浏览器是否支持禁用弹窗行为，可以使用下面的代码进行检测：

```
var error = false;
try{
  var w = window.open("https://www.ptpress.com.cn/", "_blank");
  if(w == null){
      error = true;
  }
}catch(ex){
  error = true;
}
if(error){
  alert("浏览器禁止弹出窗口！");
}
```

6.2.3 对话框

对话框是指那些为用户提供有用信息的弹出窗口。除弹出新的浏览器窗口外，还可使用
其他方法向用户弹出信息，即利用 window 对象的 alert()、confirm()和 prompt()方法。

alert()方法：只接收一个参数，即要显示给用户的文本。调用 alert()方法后，浏览器将创
建一个具有"确定"按钮的系统消息框，用于显示指定的文本。通常用于一些对用户进行提
示的信息，例如在表单中输入了错误的数据时显示警告对话框。

confirm()方法：只接收一个参数，即要显示的文本。调用 confirm()方法后，浏览器创建
一个具有"确定"按钮和"取消"按钮的系统消息框，用于显示指定的文本。confirm()方法
返回一个布尔值，如果单击"确定"按钮，返回 true；单击"取消"按钮，返回 false。

159

确定对话框的典型代码如下：

```
if (confirm("确定吗?")) {
  alert("你单击了确定!");
}
else {
  alert("你单击了取消!");
}
```

在上面的代码中，第一行是向用户显示确定对话框。confirm()是 if 语句的条件，如果用户单击"确定"按钮，显示的消息是"你单击了确定!"，如果用户单击"取消"按钮，则显示的消息是"你单击了取消!"。通常在用户进行删除操作时显示这种类型的提示。

prompt()方法：提示用户输入某些信息，接收两个参数，即要显示给用户的文本和文本框中的默认文本。如果单击"确定"按钮，将文本框中的值作为函数值返回；如果单击"取消"按钮，返回空值。一个典型的 prompt()方法的使用示例如下：

```
var sresult=prompt("你的名字是什么?","");
if (sresult != null) {
  alert("欢迎, " + sresult);
}
```

所有对话框都是系统窗口，这意味着不同的操作系统显示的窗口可能不同。以上 3 种对话框是都是模态的，即如果用户未单击"确定"按钮或"取消"按钮来关闭对话框，就不能在浏览器窗口中做任何操作。

【案例 6-3】3 种对话框的使用。

```
<html>
  <head>
    <title>6-3 3种对话框的使用</title>
    <script type="text/javascript">
    alert("Good Morning!");
    alert("Hello,"+prompt("What's your name?")+"!");
    if (confirm("Are you ok?"))
      alert("Great!");
    else
      alert("Oh,what's wrong?");
    </script>
  </head>
  <body>
    <h2>对话框</h2>
  </body>
</html>
```

6.2.4 浏览历史

对于用户访问过的站点的列表，出于安全原因，JavaScript 不能得到浏览器历史中包含的页面的 URL，只能实现在历史记录间导航。使用 window 对象中的 history 对象及它的相关方法即可实现在历史记录间导航的功能。

history 对象有一个 length 属性保存着历史记录的 URL 数量。初始时，该值为 1。如果当前窗口先后访问了 3 个网址，history.length 属性值等于 3。但是由于 IE10 以上浏览器在初始时返回 2，存在兼容问题，因此该值并不常用。

history 对象提供了一系列方法，允许 JavaScript 控制浏览器在浏览历史之间移动，包括 go()、back()和 forward()方法。

go()方法：可以在用户的历史记录中任意跳转。这个方法接收一个参数，表示向后或向前跳转的页面数的一个整数值。负数表示向后跳转（类似于"后退"按钮），正数表示向前跳转（类似于"前进"按钮）。

```
history.go(-1)       //后退一页
history.go(1)        //前进一页
history.go(2)        //前进两页
```

back()方法：用于模仿浏览器的"后退"按钮，相当于 history.go(-1)。

forward()方法：用于模仿浏览器的"前进"按钮，相当于 history.go(1)。

```
history.back()       //后退一页
history.forward()    //前进一页
```

如果移动的位置超出了访问历史的边界，以上 3 个方法并不报错，而是静默失败。使用历史记录时，页面通常从浏览器缓存中加载，而不是重新要求服务器发送新的网页。

【案例 6-4】在页面中创建"前进"和"后退"按钮。

```
<html>
<head>
<title>6-4 在页面中创建"前进"和"后退"按钮</title>
<script>
  function goBack() {
      window.history.back()
  }
  function goForward() {
      window.history.forward()
  }
</script>
</head>
<body>
  <input type="button" value="Back" onclick="goBack()">
  <input type="button" value="Forward" onclick="goForward()">
</body>
</html>
```

6.3 location 对象

location 对象提供和当前加载的文档相关的信息以及一些导航功能。location 对象是 window 对象的属性，同时也是 document 对象的属性。window.location 和 document.location 指向同一个对象。

location 对象不仅保存着当前文档的信息，还可以将 URL 解析为独立的字段，可以通过不同的属性访问这些字段。location 对象可以通过 window 对象的 location 属性访问到，表示窗口中当前显示的页面的 URL。表 6-4 列出

微课 6.3
location 对象

了 location 的属性。

表 6-4　location 的属性

属性	描述
hash	设置或返回从#开始的 URL
host	设置或返回主机名和当前 URL 的端口号
hostname	设置或返回当前 URL 的主机名
href	设置或返回完整的 URL
pathname	设置或返回当前 URL 的路径部分
port	设置或返回当前 URL 的端口号
protocol	设置或返回当前 URL 的协议
search	设置或返回从?开始的 URL（查询部分）

href 属性是一个可读写的字符串，可设置或返回当前显示的页面的完整 URL。因此，可以通过为该属性设置新的 URL，使浏览器读取并显示新的 URL 内容。当一个 location 对象被转换成字符串时，href 属性的值被返回。这意味着可以使用表达式 location 来替代 location.href。改变 href 属性的值，就可导航到新页面，示例如下：

```
location.href = "https://www.ptpress.com.cn";
```

采用这种方式导航，新 URL 将被加到浏览器的历史栈中，放在前一个页面的 URL 后，浏览器的"后退"按钮会导航到调用该属性的页面。

除设置 location 或 location.href 属性用完整的 URL 替换当前的 URL 之外，还可以修改部分 URL，只需要给 location 对象的其他属性赋值。这样做会创建新的 URL，其中的一部分与原来的 URL 不同，浏览器会将它装载并显示出来。例如，如果设置了 location 对象的 hash 属性，浏览器就会转移到当前文档中一个指定的位置。同样，如果设置了 search 属性，浏览器就会重新装载附加了新查询字符串的 URL。

假设现在要将浏览器定位为 URL 为 http://www.****.com 的位置，可采用以下方式。

① location.assign("http://www.****.com")。

② window.location = "http://www.****.com"。

③ location.href = "http://www.****.com"（非常常用）。

④ 修改 location 对象的属性（hash、search、hostname、pathname 和 port）。

⑤ location.replace("http://www.****.com")。

方式⑤与前 4 种的区别是，前 4 种方式修改 URL 之后，浏览器的历史记录中就会生成一条新记录，而在方式⑤中的 replace()方法中，改变了浏览器的位置，但是用户不能回到前一个页面。

以下是 location 对象的方法。

- assign()方法：加载新的文档。
- reload()方法：重新加载当前文档。
- replace()方法：用新的文档替换当前文档。

assign()方法可加载一个新的文档，也可以实现与设置 location.href 属性同样的操作，例如：

```
location.assign("https://www.ptpress.com.cn");
```

这两种方式都可以采用，不过大多数开发者更喜欢选用 location.href 属性，因为它更精确地表达了代码的意图。

如果不想让页面从浏览器历史中被访问，可使用 replace()方法。该方法所执行的操作与 assign()方法类似，但它多了一步操作，即从浏览器历史中删除包含脚本的页面，这样就不能通过浏览器的"后退"和"前进"按钮访问它了。例如：

```
<html>
  <head>
    <title>You won't be able to get back here</title>
  </head>
  <body>
  <P>Enjoy this page for a second, because you won't be coming back here.</p>
  <script type="text/javascript">
    setTimeout(function(){
      location.replace("https://www.ptpress.com.cn/");
    },1000)
  </script>
  </body>
</html>
```

reload()方法用于重新加载当前页面，如果该方法没有规定参数，或者参数是 false，它就会用 HTTP 头 If-Modified-Since 来检测服务器上的页面是否已改变。如果页面已改变，reload()方法会再次下载该页面。如果页面未改变，则该方法将从缓存中装载页面。这与用户单击浏览器的"刷新"按钮的效果是完全一样的。

如果将 reload()方法的参数设置为 true，那么无论页面的最后修改日期是什么，它都会绕过缓存，从服务器上重新下载该页面。这与用户在单击浏览器的"刷新"按钮时按住"Shift"键的效果完全一样。例如：

```
<html>
  <head>
    <title>reload</title>
    <script type="text/javascript">
      function reloadPage() {
        window.location.reload()
      }
    </script>
  </head>
  <body>
    <input type="button" value="Reload page" onclick="reloadPage()" />
  </body>
</html>
```

因此，要绕过缓存重新加载当前页面，可以使用下面的代码：

```
location.reload(true);
```

要从缓存中重新加载当前页面，可以采用下面两行代码中的任意一行：

```
location.reload(false);
location.reload();
```

reload()方法调用后的代码可能被执行，也有可能不被执行，这由网络延迟和系统资源等因素决定，所以最好把 reload()方法放在代码最后一行。

6.4 navigator 对象

navigator 对象是最早实现的 BOM 对象之一，Netscape Navigator 2.0 和 IE3.0 浏览器引入了它。它包含大量有关 Web 浏览器的信息。它可以通过 window.navigator 属性成功访问到。

navigator 对象是一种事实标准，用于提供 Web 浏览器的信息。同样，缺乏标准阻碍了 navigator 对象的发展，因为不同浏览器在支持该对象的属性和方法上有差异。表 6-5 列出了 navigator 对象常用的属性。

微课 6.4
navigator 对象

表 6-5　navigator 对象常用的属性

属性	描述
appCodeName	返回浏览器的代码名
appMinorVersion	返回浏览器的次级版本
appName	返回浏览器的名称
appVersion	返回浏览器的平台和版本信息
browserLanguage	返回当前浏览器的语言
cookieEnabled	返回指明浏览器中是否启用 cookie 的布尔值
cpuClass	返回浏览器系统的 CPU 等级
onLine	返回指明系统是否处于脱机模式的布尔值
platform	返回运行浏览器的操作系统平台
systemLanguage	返回 OS（Operating System，操作系统）使用的默认语言
userAgent	返回由浏览器发送至服务器的 user-agent 头部的值
userLanguage	返回 OS 的自然语言设置

navigator 对象包含的属性描述了正在使用的浏览器，可以使用这些属性进行平台专用的配置。navigator 对象有 5 个主要属性，用于提供正在运行的浏览器的版本信息：appName、appVersion、userAgent、appCodeName 和 platform。

对于非 IE 浏览器，可以使用 plugins 集合来检测插件，集合的每一项都包含以下属性。

- Name：插件的名字。
- Description：插件的描述。
- Filename：插件的文件名。
- Length：插件所处理的多用途互联网邮件扩展（Multipurpose Internet Mail Extensions，MIME）类型数量。

```
function hasPlugin(name){
  name = name.toLowerCase();
  for(var i = 0; i < navigator.plugins.length; i++){
```

```
      if(navigator.plugins[i].name.toLowerCase().indexOf(name) > -1){
        return true;
      }
    }
    return false;
}
//检测 Flash
console.log(hasPlugin("Flash"));
//检测 QuickTime
console.log(hasPlugin("QuickTime"));
```

将比较的字符串都设置为小写形式，这样可以避免大小写不一致导致的错误。

plugins 集合有一个 refresh()方法，用于刷新 plugins 集合来反映最新插件的安装情况。它有一个布尔型参数，如果为 true，就会重新加载包含插件的所有页面；否则只更新集合。

【案例 6-5】获取正在使用的浏览器的信息。

```
<html>
<head>
  <title>6-5 获取正在使用的浏览器的信息</title>
</head>
<body>
  <script type="text/javascript">
    var x = navigator;
    document.write("CodeName=" + x.appCodeName);
    document.write("<br />");
    document.write("MinorVersion=" + x.appMinorVersion);
    document.write("<br />");
    document.write("Name=" + x.appName);
    document.write("<br />");
    document.write("Version=" + x.appVersion);
    document.write("<br />");
    document.write("CookieEnabled=" + x.cookieEnabled);
    document.write("<br />");
    document.write("CPUClass=" + x.cpuClass);
    document.write("<br />");
    document.write("OnLine=" + x.onLine);
    document.write("<br />");
    document.write("Platform=" + x.platform);
    document.write("<br />");
    document.write("UA=" + x.userAgent);
    document.write("<br />");
    document.write("BrowserLanguage=" + x.browserLanguage);
    document.write("<br />");
    document.write("SystemLanguage=" + x.systemLanguage);
    document.write("<br />");
    document.write("UserLanguage=" + x.userLanguage);
  </script>
</body>
</html>
```

navigator 对象的实例是唯一的，在 JavaScript 中可以用 window 对象的 navigator 属性来引用它。

6.5 screen 对象

微课 6.5
screen 对象

虽然出于安全原因，有关用户系统的大多数信息都被隐藏了，但在 JavaScript 中还是可以用 screen 对象获取某些关于用户屏幕的信息。screen 对象提供显示器的分辨率和可用颜色数信息，该对象的属性如表 6-6 所示。

表 6-6　screen 对象属性

属性	描述
availHeight	返回显示器屏幕的高度（除 Windows 任务栏之外）
availWidth	返回显示器屏幕的宽度（除 Windows 任务栏之外）
bufferDepth	设置或返回调色板的比特深度
colorDepth	返回目标设备或缓冲器上的调色板的比特深度
deviceXDPI	返回显示器屏幕的每英寸（1 英寸=2.54cm）水平点数
deviceYDPI	返回显示器屏幕的每英寸垂直点数
fontSmoothingEnabled	返回用户是否在显示控制面板中启用了字体平滑
height	返回显示器屏幕的高度
logicalXDPI	返回显示器屏幕每英寸的水平方向的常规点数
logicalYDPI	返回显示器屏幕每英寸的垂直方向的常规点数
pixelDepth	返回显示器屏幕的颜色分辨率（比特每像素）
updateInterval	设置或返回屏幕的刷新率
width	返回显示器屏幕的宽度

确定新窗口的大小时，availHeight 和 availWidth 属性非常有用。例如，可以使用下面的代码让新窗口填充用户的屏幕：

```
window.moveTo(0,0)
window.resizeTo(screen.availWidth,screen.availHeight);
```

【案例 6-6】使用 screen 对象获得屏幕属性。

```html
<html>
<head>
  <title>6-6 使用 screen 对象获得屏幕属性</title>
</head>
<body>
  <script type="text/javascript">
    document.write("屏幕宽度是: " + window.screen.width + "<br/>");
    document.write("屏幕高度是: " + window.screen.height + "<br/>");
    document.write("屏幕调色板的比特深度是: " + window.screen.colorDepth +
                              "<br/>");
    //可用宽度是除去任务栏以后的宽度
    document.write("屏幕可用宽度是: " + window.screen.availWidth + "<br/>");
    //可用高度是除去任务栏以后的高度
    document.write("屏幕可用高度是: " + window.screen.availHeight + "<br/>");
  </script>
</body>
</html>
```

【案例 6-7】检测屏幕分辨率。

```html
<html>
<head>
  <title>6-7 检测屏幕分辨率</title>
</head>
<body>
  <script type="text/javascript">
    var s = 800;//确定最佳显示效果
    var c, cv = 24;//cv 用于设定最佳色彩度
    if (screen.width != s) {
      document.write("您的屏幕分辨率是" + screen.width + "&times;"
                                         + screen.height +
      ",并非最佳分辨率,请您将屏幕分辨率调整为 800&times; 600 浏览本页并刷新页面,
以达到最佳显示效果。");
    }
  </script>
</body>
</html>
```

每个 window 对象的 screen 属性都引用一个 screen 对象。screen 对象中存放着有关显示器屏幕的信息。JavaScript 程序可以利用这些信息来优化页面的输出，以达到用户的显示要求。例如，一个程序可以根据显示器的尺寸选择使用大图像还是使用小图像，还可以根据显示器的色深选择使用 16 位色还是 8 位色的图像。另外，JavaScript 程序还能根据有关屏幕尺寸的信息将新的浏览器窗口定位在屏幕中间。

6.6 定时器

JavaScript 提供两个定时器，一个叫作 setTimeout()方法，还有一个叫作 setInterval()方法。那这两个定时器有什么区别呢？setTimeout()方法相当于定时炸弹，而 setInterval()方法相当于闹钟。

微课 6.6 定时器

定时炸弹的特点：定时炸弹可以设置一个时间，例如设置 5min 之后这个炸弹就会爆炸，且只能爆炸一次。所以 setTimeout()方法的特点是隔一段时间直接执行，并且只会执行一次。

闹钟的特点：例如设置一个闹钟，每天早晨 8 点响，那它在每一天的早晨 8 点都会响。第一天早晨 8 点跟第二天早晨 8 点差 24h，即每隔 24h 执行一次。所以 setInterval()方法的特点也是隔一段时间执行，并且会重复执行。

6.6.1 setTimeout()方法

setTimeout()方法是在一段时间后仅执行一次函数或指定的代码段，其代码示例如下：

```
window.setTimeout(function, milliseconds)
```

第一个参数是要执行的函数。第二个参数指示执行前的毫秒数（1s= 1000ms）。

例如，下面的代码执行的操作都是在 1s 后显示一条警告：

```
setTimeout("alert('Hello word! ') ",1000);
setTimeout{function(){alert("Hello world! ");},1000};
```

下面为一个定时炸弹的案例。

【案例 6-8】 定时炸弹。

```html
<html>
<head>
  <title>6-8 定时炸弹</title>
</head>
<body>
  <p>单击"开始"按钮等待 3s，然后提示"爆炸了"：</p>
  <input type="button" value="开始" id="btn1">
  <script>
    //setTimeout(): 定时炸弹，隔一段时间执行，并且只会执行一次
    //定时器的标示
    var timerId;
    var btn1 = document.getElementById('btn1');
    btn1.onclick = function () {
      //window.setTimeout()
      //两个参数
      //第一个参数是要执行的函数
      //第二个参数是间隔的时间，单位是 ms
      //返回值是一个整数，是定时器的标示
      timerId = setTimeout(fn, 3000);
      function fn() {
        alert('爆炸了');
      }
    }
  </script>
</body>
</html>
```

clearTimeout()方法可以停止执行 setTimeout()方法中指定的函数。

```
window.clearTimeout(var)
```

clearTimeout()方法使用从 setTimeout()方法中返回的变量。

```
t = setTimeout();
clearTimeout(t);
```

如果尚未执行指定的函数，则可以通过调用 clearTimeout()方法来停止执行。

与案例 6-8 相同，以下代码添加了"停止"按钮：

```html
<p>单击"开始"按钮等待 3s，然后提示"爆炸了"：</p>
<p>单击"停止"按钮，防止第一个函数执行（必须在 3s 之前单击）。</p>
<input type="button" value="开始" id="btn1">
<input type="button" value="停止" id="btn2">
<script>
  …
  var btn2 = document.getElementById('btn2');
  btn2.onclick = function () {
    //取消定时器的执行
    clearTimeout(timerId);
  }
</script>
```

　　单击"开始"按钮之后在 3s 内再单击"停止"按钮，取消定时器的执行，过 3s 以后这个定时炸弹不会爆炸。

　　除定时器以外，我们常常会在网页上遇到删除的效果，当删除成功之后，给用户一个提示，告诉用户删除成功了。但是不需要去单击，不需要去干预，刚才删除成功的提示会显示 2s 或 3s，然后自动消失。实现这种效果就需要使用 setTimeout()方法。

【案例 6-9】删除提示。

```html
<html>
<head>
  <title>6-9 删除提示</title>
  <style>
    …
  </style>
  <script>
    onload = function () {
      //当页面的所有元素创建完成，等待外部文件下载完毕才会执行
      var btn = document.getElementById('btn');
      btn.onclick = function () {
        //删除操作
        //显示删除成功的提示
        var tip = document.getElementById('tip');
        tip.style.display = 'block';
        //隔 3s 之后让提示隐藏
        setTimeout(function () {
          tip.style.display = 'none';
        }, 3000);
      }
    }
  </script>
</head>
<body>
  <input type="button" id="btn" value="删除">
  <div id="tip">删除成功</div>
</body>
</html>
```

6.6.2　setInterval()方法

　　setInterval()方法与 setTimeout()方法的运行方式相似，只是它无限次地每隔指定的时间就重复执行一次指定的方法。可调用 setInterval()方法设置时间间隔，它的参数与 setTimeout()方法相同，是要执行的方法和每次执行之间等待的毫秒数。

　　setInterval()方法重复调用一个函数，每次调用之间有固定的时间延迟，语法格式如下：

```
window.setInterval(function, milliseconds)
```

　　其中，第一个参数是要执行的函数，第二个参数是每次执行之间的时间间隔。

案例 6-10 实现每 3s 执行一次闹钟。

【案例 6-10】闹钟。

```html
<html>
<head>
  <title>6-10 闹钟</title>
</head>
<body>
  <input type="button" value="开始" id="btn1">
  <input type="button" value="取消" id="btn2">
  <script>
    var btn1 = document.getElementById('btn1');
    var timerId; //定时器的标示
    btn1.onclick = function () {
      timerId = setInterval(function () { //第一次执行要先等 3s
        alert('早上 8 点了');
      }, 3000);
    }
    var btn2 = document.getElementById('btn2');
    btn2.onclick = function () {
      clearInterval(timerId);
    }
  </script>
</body>
</html>
```

setInterval()方法会不停地调用传入的方法，直到 clearInterval()方法被调用或窗口被关闭，由 setInterval()方法返回的 id 作为 clearInterval()方法的参数。

可以利用 setInterval()方法实现数字手表或倒计时的功能。倒计时这个功能是人们经常会遇到的，例如有一个发布会，往往用它做一个页面显示倒计时，表示距离发布会开始还有多长时间。实现倒计时，首先需要一个定时器，隔一秒钟执行一次，并将相差的时间（即倒计时结束时间减去开始时间）显示到页面上。这件事情最难、最麻烦的一点就是计算两个时间的差。

获取当前时间作为开始时间，确定倒计时结束的时间，然后用倒计时结束的时间减去开始时间，就能获取到两个时间的差，它以毫秒为单位。因为日期对象会首先把自己转换成日期的毫秒数，所以先把毫秒数转换成秒数，然后再根据数学公式来找到相差的天数、小时数、分钟数和秒数。

【案例 6-11】倒计时。

```html
<html>
<head>
  <title>6-11 倒计时</title>
  <style type="text/css">
    …
  </style>
```

```
</head>
<body>
  <h1 class="title">距离 2025 年元旦节，还有</h1>
  <div class="time-item">
    <span><span id="day">00</span>天</span>
    <strong><span id="hour">00</span>时</strong>
    <strong><span id="minute">00</span>分</strong>
    <strong><span id="second">00</span>秒</strong>
  </div>
  <script>
    var endDate = new Date('2025-01-01 0:0:0'); //目标时间
    //获取 span
    var spanDay = document.getElementById('day');
    var spanHour = document.getElementById('hour');
    var spanMinute = document.getElementById('minute');
    var spanSecond = document.getElementById('second');
    setInterval(countdown, 1000);
    countdown();
    function countdown() {          //倒计时方法
      var startDate = new Date();        //当前时间
      var interval = getInterval(startDate, endDate); //计算两个时间差
      setInnerText(spanDay, interval.day);
      setInnerText(spanHour, interval.hour);
      setInnerText(spanMinute, interval.minute);
      setInnerText(spanSecond, interval.second);
    }
    function getInterval(start, end) {
      var interval = end - start;          //两个时间对象相差的毫秒数
      var day, hour, minute, second;      //求相差的天数、小时数、分钟数、秒数
      interval /= 1000;        //两个时间对象相差的秒数
      day = Math.round(interval / 60 / 60 / 24);
      hour = Math.round(interval / 60 / 60 % 24);
      minute = Math.round(interval / 60 % 60);
      second = Math.round(interval % 60);
      return {
        day: day,
        hour: hour,
        minute: minute,
        second: second
      }
    }
    function setInnerText(element, content) {
      if (typeof element.innerText === 'string') {
        //判断当前浏览器是否支持 innerText
        element.innerText = content;
      } else {
```

```
            element.textContent = content;
        }
    }
  </script>
</body>
</html>
```

本章小结

本章介绍了 BOM 的概念和它提供的各种对象，其中 window 对象是 Java Script 的核心。本章讲解了如何操作浏览器窗口，用 location 对象可以访问和改变窗口及地址，用 history 对象可以在用户访问过的页面中前进或后退，还讲解了如何用 navigator 对象和 screen 对象获取用户浏览器信息和屏幕的信息。

最后，本章还介绍了如何利用 setTimeout()方法和 setInterval()方法实现暂停和时间间隔。

习 题

6-1 编写程序，利用循环遍历出当前窗口 window 对象的每一个属性。

6-2 控制窗口的打开与关闭，显示效果如图 6-2 所示。

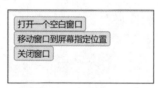

图 6-2 显示效果

6-3 编写程序，利用 screen 对象实现屏幕最大化效果。

6-4 编写程序并通过一个按钮完成暂停的效果。

综合实训

目标

利用本章所学知识，实现在页面中通过单击按钮打开 window 子窗口，并且子窗口在打开后能自动逐渐扩大到预定的大小。

准备工作

在进行本实训前，必须学习完本章的全部内容，并掌握 BOM 的使用方法。

实训预估时间：60min

要求页面中的按钮单击后打开的子窗口如图 6-3 所示。

图 6-3　子窗口刚刚弹出

　　子窗口刚刚弹出时宽度为 100px、高度为 50px，然后通过使用 setTimeout()方法或 setInterval()方法让子窗口每隔 2ms，宽度和高度都自动增加 5px，直到子窗口的宽度与高度都达到 500px 时停止。

　　子窗口展开完毕后如图 6-4 所示。

图 6-4　子窗口展开完毕

第7章

JavaScript异步模式

本章导读

JavaScript 语言属于解释执行的语言，其运行环境是单线程的，从本章中读者可以了解到 JavaScript 运行时是如何产生阻塞的，以及如何应用异步模式编程解决阻塞问题。本章还通过具体案例重点介绍如何使用 Promise 对象和 async 与 await 关键字实现 JavaScript 异步模式编程。

本章要点

- JavaScript 异步模式编程
- Promise 对象的用途和用法
- async 与 await 关键字的用途与用法

7.1 异步模式概述

JavaScript 语言是单线程执行的，所谓单线程，就是指代码的执行是有顺序的，不能并行执行，一次只能完成一个任务。如果有多个任务，则需要排队依次完成。

在这种模式下，只要有一个任务耗时很长（例如等待服务器响应），后面的任务都会排队等待，这样会影响到整个页面代码的运行，常见的表现就是产生阻塞。

如果浏览器里面的一段 JavaScript 代码长时间等待运行结果，这时候浏览器无法继续处理用户的操作并执行其他任务，直到获取到等待的结果，整个浏览器页面会处于无响应的状态，这就叫作阻塞。

【案例 7-1】阻塞的示例。

```html
<html>
<head>
  <title>7-1 阻塞的示例</title>
</head>
<body>
  <input type="button" id="btn" value="阻塞"/>
  <script type="text/javascript">
    const btn = document.getElementById("btn")
    btn.onclick = function(){
      let myDate;
      //获取 10000000 次系统时间
      //该循环耗时很久，会阻塞后面的代码运行
      for(let i = 0; i < 10000000; i++) {
        let date = new Date();
        myDate = date;
      }
      console.log(myDate);
      //被阻塞的添加新段落的代码
      //该部分需等待阻塞结束后才会执行
      let pElem = document.createElement('p');
      pElem.textContent = '新添加的段落';
      document.body.appendChild(pElem);
    }
  </script>
</body>
</html>
```

当案例 7-1 运行时，一旦单击页面上的按钮，浏览器将处于阻塞状态，页面对用户的任何操作都不会有反应，直到几秒后获取 10000000 次系统时间的代码运行结束，后面的代码才会继续运行，浏览器才会停止阻塞。为了直观展示阻塞的状态，案例 7-1 只是对阻塞的不恰当模拟，实际 JavaScript 编程中的阻塞一般是等待远程服务器调用的响应，或等待某个数据库操作的结果。

为了解决实际的等待阻塞问题，JavaScript 语言将代码的执行分成了两种模式：同步模式

和异步模式。图 7-1 展示了 JavaScript 代码同步模式和异步模式的区别。

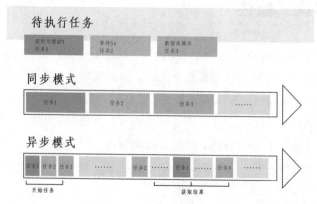

图 7-1　同步模式与异步模式

　　简单来说，异步模式就是将一个任务分成两段，先执行第一段，然后转而执行其他任务，等待获取了结果，再回过头执行第二段。排在异步任务后面的代码，不用等待异步任务结束，会马上运行，即不会出现阻塞的问题。

　　在浏览器端，需要时间等待结果的操作都应该采用异步模式，例如发起 Ajax 调用等待服务器响应就应该采用异步模式。

7.2　使用异步模式

　　JavaScript 代码的执行可以分为两类，同步模式和异步模式。同步模式是指 JavaScript 代码在主线程上排队依次执行，前一行执行完再执行下一行。异步模式是指 JavaScript 代码被浏览器（JavaScript 执行引擎）放入任务队列，等到可以执行的时候再放入主线程执行，简单来说就是使用异步模式执行的代码后面的部分可以不用等待前面的代码执行完就能马上执行，不被阻塞。本节将着重介绍常用的两种 JavaScript 异步模式编程方案，使用 Promise 对象和使用 async 与 await 关键字。

7.2.1　Promise 对象

　　Promise 对象是 ES6 中引入的新对象，其作用是帮助实现 JavaScript 异步模式编程。使用 Promise 对象可以避免传统 JavaScript 异步模式编程的层层嵌套的回调函数，可以方便地将异步操作的代码和同步操作的代码流程表达出来。同时 Promise 对象提供了统一的接口，可以使异步编程更加容易。

　　Promise 对象的构造函数接收一个函数作为参数，该函数的两个参数分别是函数 resolved() 和函数 rejected()，这两个参数都是回调函数。

　　函数 resolved() 在异步操作成功时被调用，并将异步操作的结果作为参数传递出去；函数 rejected() 在异步操作失败时被调用，并将异步操作失败的错误信息作为参数传递出去。

Promise 对象创建后，可以用 then()方法指定 resolved 状态和 rejected 状态的回调函数。

【案例 7-2】使用 Promise 对象实现异步编程。

```html
<html>
<head>
  <title>7-2 使用 Promise 对象实现异步编程</title>
</head>
<body>
  <input type="button" id="btn" value="Promise 异步"/>
  <script type="text/javascript">
    const btn = document.getElementById("btn")
    btn.onclick = function(){
      //创建 Promise 对象
      var p1 = new Promise(function(resolved, rejected){
        //这里使用 setTimeout()来模拟异步代码
        //实际编码时可能是 XMLHttpRequest 请求或是 HTML5 的一些 API 方法
        setTimeout(function(){
          resolved("时间到");
        },5000);
      });
      //通过 Promise 实例的 then()方法指定操作成功后的回调函数
      p1.then(function(data){
        console.log(data);
      });
      //后续不会被异步代码阻塞的操作
      console.log("hello!");
    }
  </script>
</body>
</html>
```

案例 7-2 运行后，异步等待 Promise 对象不会阻塞后续代码的执行，浏览器控制台将先输出"hello!"，然后异步模式运行的 setTimeout()方法会在 5s 后触发，运行结果被函数 resolved()的参数传递出来，最后由 Promise 实例 p1 的 then()方法的回调函数参数接收到并在控制台输出"时间到"。

7.2.2　async 与 await 关键字

async 与 await 是在 ES8（ES2017）中新增的关键字，这两个关键字都是与异步模式编程有关的，和 Promise 对象有很大关联。简单来说，async 与 await 关键字是基于 Promise 对象的语法糖，它们可以使异步模式代码看起来与同步模式代码更相似，更易于编写和阅读。

async 关键字放在函数声明之前，可以将函数的返回值包装为 Promise 对象实例，后续可以用 then()方法添加异步执行完成后的回调函数。

【案例 7-3】使用 async 关键字实现异步编程。

```html
<html>
<head>
```

```
    <title>7-3 使用 async 关键字实现异步编程</title>
  </head>
  <body>
    <input type="button" id="btn" value="Promise 异步"/>
    <script type="text/javascript">
      const btn = document.getElementById("btn")
      btn.onclick = function(){
        async function bigLoop(){
          let myDate;
          //获取 10000000 次系统时间
          //该循环耗时很长，会阻塞后面的代码运行
          for(let i = 0; i < 10000000; i++) {
            let date = new Date();
            myDate = date;
          }
          return myDate;
        }
        //then()方法添加异步执行完成后的回调函数
        bigLoop().then(function(data){
          console.log(data);
        });
        //后续在异步操作取得结果前先执行的代码
        console.log("hello!");
      }
    </script>
  </body>
</html>
```

案例 7-3 执行后，在控制台中，先输出"hello!"，然后输出异步执行结果。

await 关键字可以在 async 标注的函数中使用，async 标注的异步函数执行时，如果遇到 await 关键字就会先暂停执行，等到触发的异步操作完成后，再恢复异步函数的执行并返回结果值。

【案例 7-4】使用 await 关键字实现异步编程。

```
<html>
<head>
  <title>7-4 使用 await 关键字实现异步编程</title>
</head>
<body>
  <input type="button" id="btn" value="Promise 异步"/>
  <script type="text/javascript">
    const btn = document.getElementById("btn")
    btn.onclick = function(){
      async function bigLoop(){
        let myDate;
        //获取 10000000 次系统时间
        //该循环耗时很长，会阻塞后面的代码运行
        for(let i = 0; i < 10000000; i++) {
          let date = new Date();
          myDate = date
```

```
            }
            return myDate;
        }
        async function useAwait(){
            //使用 await 关键字，等待异步函数获取结果后再执行后续代码
            //await 关键字只能在异步函数中使用
            await bigLoop().then(function(data){
              console.log(data);
            });
            //后续在异步操作取得结果后执行的代码
            console.log("hello!");
        }
        useAwait();
      }
    </script>
</body>
</html>
```

案例 7-4 执行后，在控制台中，先输出异步执行的结果，然后执行后续代码输出"hello!"。

本章小结

本章首先通过案例的形式展示了什么是阻塞，然后介绍了 JavaScript 异步模式，讲解了异步模式的原理和用途。本章重点讲解了如何使用异步模式，以案例的形式展示了如何应用 Promise 对象进行异步编程、如何使用 async 与 await 关键字进行异步编程。通过本章的学习，读者可以使用 JavaScript 语言中提供的 Promise 对象和 async 与 await 关键字实现异步模式编程。

习 题

7-1 什么是异步模式？

7-2 如何使用 JavaScript 语言进行异步编程？

综合实训

目标

利用本章所学知识，用异步模式执行预定义了耗时的 10 个异步任务，要求能用"异步执行 10 个任务，依次等待每个任务完成并输出结果"和"异步执行 10 个任务，先完成的任务先返回结果"两种方式实现。

准备工作

在进行本实训前，必须学习完本章的全部内容。

10 个异步任务的耗时可用 calcTime 数组预定义，示例代码如下：

```
var calcTime = [2000,5000,1000,3000,6000,8000,7000,9000,4000,10000];
```

异步任务的执行耗时可用 setTimeout()方法模拟，异步任务可使用 Promise 对象创建，等待异步任务完成可使用 async 和 await 关键字。

实训预估时间：60min

两种实现方式结果输出如图 7-2 和图 7-3 所示。

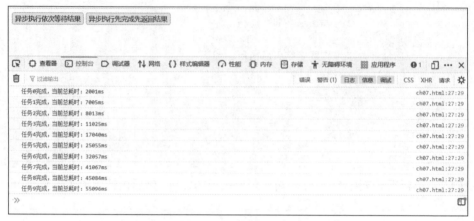

图 7-2　依次等待每个任务完成并输出结果

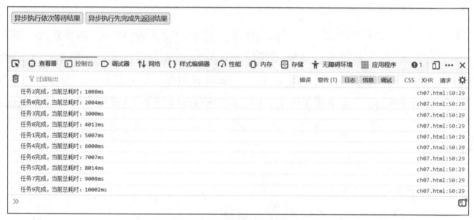

图 7-3　先完成的任务先输出结果

第8章
JavaScript面向对象编程

本章导读

本章简要概述面向对象编程思想，重点介绍 JavaScript 语言实现面向对象编程的原理，包括对象创建、构造函数和原型链等，通过案例重点介绍使用构造函数和原型方式创建对象以及基于原型链的对象继承实现方式。本章最后讲解如何使用 ECMAScript 6 新语法实现面向对象编程。

本章要点

- 面向对象编程思想
- 构造函数和原型方式创建对象
- 基于原型链的对象继承
- ECMAScript 6 标准语法实现面向对象编程

8.1 面向对象编程概述

面向对象编程是软件开发领域中非常重要的一种编程思想，目前已经非常成熟并被广泛应用到操作系统、手机平台 App、前端界面和大型网络平台的开发中。

8.1.1 面向过程编程与面向对象编程

到目前为止，读者所学的 JavaScript 语言编程，应用的都是结构化程序设计方法，也就是面向过程编程。面向过程编程是把程序看成处理数据的一系列过程，采用模块分解与功能抽象以及自顶向下、分而治之的方法，将整个程序系统分解成许多易于控制和处理的子任务，再逐一编码实现。面向过程编程是处理复杂开发任务的有效方法之一。

微课 8.1 面向
对象编程概述

在面向过程编程中，人们编写的代码都是一些变量和函数，随着程序功能的不断增加，代码中的各种变量和函数会越来越多，各种问题也会随之出现。由于各种功能的代码交织在一起，导致代码结构混乱，变得难以理解、维护和复用，当对某段程序进行修改或删除时，整个程序中所有与之相关的部分都要进行相应的修改，从而使程序代码的维护变得困难，软件规模越大，这种问题越严重。为了弥补面向过程编程在设计系统软件和大型应用软件时所存在的缺陷，面向对象编程应运而生。

面向对象编程的本质是把软件开发过程中同一类事物的数据及对数据操作的方法放在一起，作为一个相互依存、不可分离的整体——对象。对同类型对象抽象出其共性，形成类。类中的大多数数据，只能用本类的方法进行处理。类通过一个简单的外部接口与外界建立关系，对象与对象之间通过公开的方法相互调用。面向对象编程模式可以使代码结构清晰、层次分明，在协同开发中可以帮助团队更好地协作分工，提高开发效率。

8.1.2 面向对象编程的特征

面向对象编程具有 4 个基本特征：抽象（Abstract）、封装（Encapsulation）、继承（Inheritance）和多态性（Polymorphism）。

抽象是指忽略事物的非本质特征，只注意那些与当前目标有关的本质特征，从而找出事物的共性，把具有共性的事物划分为一类，得出一个抽象的概念。面向对象编程中的类为具有相同属性和行为的一组对象提供了抽象的描述，一个属于某类的对象称为该类的一个实例。

封装是指把每个对象的数据（属性）和操作（行为）包装在一个类中，并尽可能隐藏对象的内部细节。一般限制直接访问对象的属性，而应通过操作接口访问，这样使程序中模块之间关系更简单、数据更安全。对程序的修改也仅限于类的内部，使得由于修改程序所带来的影响局部化。

继承是面向对象编程模式中的一种重要机制，该机制自动将一个类中的操作和数据结构提供给另一个类，这使得程序员可以使用已有类的成分来建立新类。理解面向对象编程的关键就是要理解继承。生物继承关系如图 8-1 所示。

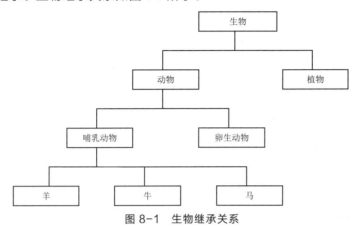

图 8-1　生物继承关系

由图 8-1 可知，从马到哺乳动物再到动物，最后到生物，是一个逐渐抽象的过程，可以清晰地描述对象的层次结构。例如，哺乳动物会继承动物的特征而不会继承植物的特征。在面向对象编程中，利用继承不仅可以在保持接口兼容的情况下扩展功能，还能增强代码的复用性，提高程序代码的可维护性。

多态性是指允许不同类的对象对同一消息做出的响应不相同。一般类中定义的属性或行为，被特殊类继承后，可以具有不同的属性或者是表现出不同的行为。这使得同一个属性或方法在抽象类及其各个特殊类中具有不同的语义。

【案例 8-1】多态性的示例。

```html
<html>
<head>
  <title>8-1 多态性的示例</title>
</head>
<body>
  <h1>多态性的示例</h1>
  <script type="text/javascript">
    let obj;
    //obj 的 toString()将布尔值转换为字符串
    obj = true;
    console.log(obj.toString());
    //obj 的 toString()将数组转换为字符串
    obj = [];
    obj.push(1);
    obj.push(2);
    obj.push(3);
    console.log(obj.toString());
    //obj 的 toString()将函数转换为字符串
    obj = function(){
      alert("hello");
    };
    console.log(obj.toString());
```

```
        </script>
    </body>
</html>
```

在案例 8-1 中，obj 变量的 toString()方法能根据变量代表的数据的类型执行不同的行为（分别是将布尔值、数组和函数转换成字符串），就是多态性的体现。案例 8-1 也是 JavaScript 语言支持面向对象编程的体现。

通过使用面向对象编程模式和抽象、封装、继承、多态性等机制，可以使程序代码更易于维护，提高代码可复用性，也使创建和使用各种 JavaScript 库成为可能。

8.2 创建对象

微课 8.2
创建对象

8.2.1 创建对象的方式

在 ES6 标准前，JavaScript 语言中没有引入类的概念，要使用面向对象编程，需要通过构造函数和原型对象来实现。

JavaScript 作为基于对象的编程语言，其对象实例可以通过构造函数来创建，每一个构造函数都可以包括一个对象原型，用于定义每个对象实例的属性和方法。同时在 JavaScript 语言中对象是动态的，这意味着对象实例的属性和方法是可以动态添加、删除或修改的。基于上述几点，JavaScript 语言中创建自定义对象的方法主要有两种：构造函数方式和原型方式。

1. 构造函数方式

在构造函数方式中，用户可以先定义对象的构造函数，然后通过 new 关键字来创建该对象的实例。

定义对象的构造函数方式如下面的示例：

```
function Car(sColor, iDoors){
    this.color = sColor;
    this.doors = iDoors;
    this.showColor = function(){
        console.log("Car's color is " + this.color);
    }
}
```

当调用构造函数 Car()时，浏览器给新的对象实例分配内存，并隐性地将对象传递给函数。this 操作符是指向新对象引用的关键字，用于操作这个新对象。例如下面的语句：

```
this.color = sColor;
```

上述代码用构造函数传递过来的参数 sColor 的值，给新创建的对象实例的属性 color 赋值。

创建对象实例并对属性赋值后，可以通过如下方式访问该实例的属性：

```
var oCar = new Car("red",4);
var str = oCar.color;
```

在构建对象的方法时，代码可以直接写在构造函数里，或者使用外部函数的写法，在外部函数中也可使用 this 关键字指向当前的对象实例，并通过 this.color 的方式访问它的属性。

案例 8-2 为通过构造函数方式定义并创建对象的示例。

【案例 8-2】通过构造函数方式定义对象并创建对象示例。

```html
<html>
<head>
  <title>8-2 通过构造函数方式定义对象并创建对象示例</title>
</head>
<body>
  <h1>通过构造函数方式定义对象并创建对象示例</h1>
  <script type="text/javascript">
    //对象的构造函数
    function Car(sColor, iDoors){
      this.color = sColor;
      this.doors = iDoors;
      this.showColor = funcColor;
    }
    //定义对象的方法
    function funcColor(){
      console.log("color: " + this.color);
    }
    //创建并使用对象的实例
    var oCar = new Car("red",4);
    console.log("Car's information:");
    oCar.showColor();
    console.log("Doors: " + oCar.doors);
  </script>
</body>
</html>
```

程序输出结果为：

```
Car's information:
color: red
Doors: 4
```

2. 原型方式

JavaScript 语言中所有对象都由 Object 对象派生，每个对象都有原型属性 prototype，该属性描述了该类型对象共有的代码和数据，可以通过对象的 prototype 属性为对象动态添加属性和方法。

原型方式实现面向对象编程就是利用了 prototype 属性来为对象定义属性和方法。使用原型方式实现面向对象编程，重写案例 8-2，代码如下：

```javascript
function Car(){
}
Car.prototype.color = "red";
Car.prototype.doors = 4;
Car.prototype.showColor = function(){
  console.log("color: " + this.color);
}
```

在这段代码中，首先定义构造函数 Car()，其中无任何代码。之后的几行代码，通过给 Car 的 prototype 属性添加属性去定义 Car 对象的属性。创建并使用对象实例时，原型的所有属性和方法都被立即赋予新创建的对象实例。

【案例 8-3】通过原型方式定义对象并创建对象实例。

```html
<html>
<head>
  <title>8-3 通过原型方式定义对象并创建对象实例</title>
</head>
<body>
  <h1>通过原型方式定义对象并创建对象实例</h1>
  <script type="text/javascript">
   //创建构造函数
   function Car(){ }
   //定义属性与方法
   Car.prototype.color = "red";
   Car.prototype.doors = 4;
   Car.prototype.showColor = function(){
     console.log("color: " + this.color);
   }
   //创建对象实例并调用
   var oCar1 = new Car();
   var oCar2 = new Car();
   console.log("Car1's color is " + oCar1.color);
   console.log("Car2's color is " + oCar2.color);

   oCar1.color = "blue";
   oCar2.color = "white";
   console.log("After car's color is modified:")
   console.log("Car1's color is " + oCar1.color);
   console.log("Car2's color is " + oCar2.color);
  </script>
</body>
</html>
```

程序输出结果为：

```
Car1's color is red
Car2's color is red
After car's color is modified:
Car1's color is blue
Car2's color is white
```

从输出结果可以看出，使用原型方式时，不能通过构造函数传递参数初始化属性的值，因为 oCar1 和 oCar2 的 color 属性值都等于 red，doors 属性值都等于 4，这意味着必须在对象创建后才能改变属性的默认值。

8.2.2　创建自定义对象的推荐方式

从 8.2.1 小节两种自定义对象的实现方式上看，使用构造函数方式会重复生成函数，为每个对象都创建独立的函数版本；而原型方式不能通过构造函数传递参数初始化属性的值来创建不同的对象。是否有更合理的像类一样的创建对象的方法呢？答案是有，只需联合使用构造函数方式和原型方式。

联合使用构造函数方式和原型方式，就可以让 JavaScript 像其他面向对象编程语言一样创建对象。这种方式用构造函数定义对象的所有属性，用原型方式定义对象的方法，这样每个对象实例都具有自己的属性，对象方法也可以通过原型属性共用。

【案例 8-4】联合使用构造函数和原型方式定义对象并创建对象实例。

```html
<html>
<head>
  <title>8-4 联合使用构造函数和原型方式定义对象并创建对象实例</title>
</head>
<body>
  <h1>联合使用构造函数和原型方式定义对象并创建对象实例</h1>
  <script type="text/javascript">
    //对象构造函数
    function Car(sColor, iDoors){
      this.color = sColor;
      this.doors = iDoors;
    }
    //使用原型方式定义对象的方法
    Car.prototype.drive = function(driver){
      console.log(driver + " is driving the car!");
    }
    Car.prototype.showInfo = function(){
     console.log("The car with " + this.doors + " doors is " + this.color + ".");
    }
    //创建对象实例并调用
    var oCar = new Car("red",5);
    oCar.drive("Mike");
    oCar.showInfo();
  </script>
</body>
</html>
```

程序输出结果为：

```
Mike is driving the car!
The car with 5 doors is red.
```

8.3 原型链

在 JavaScript 语言中，每个函数都有一个 prototype 属性，这个属性指向函数的原型对象，原型对象也有原型，这样就形成了一个链式结构，叫作原型链。JavaScript 语言的面向对象编程特性就是基于构造函数和原型链实现的。

8.3.1 对象的原型

在 JavaScript 语言中，每个对象都有__proto__属性，该属性指向对象的原型对象。每一个 JavaScript 对象（除 null 外）被创建的时候，都会与另一个对象关联，这个对象就是原型，

187

每一个对象都会从原型中"继承"属性。访问原型对象如案例 8-5 所示。

【案例 8-5】访问原型对象。

```html
<html>
<head>
  <title>8-5 访问原型对象</title>
</head>
<body>
  <h1>访问原型对象</h1>
  <script type="text/javascript">
    //构造函数方式创建对象 Company
    function Company() {}
    var c = new Company();
    //__proto__属性指向原型对象
    console.log(c.__proto__ === Company.prototype);
  </script>
</body>
</html>
```

程序输出结果为：

```
true
```

从案例 8-5 可知，对象实例的__proto__属性指向的原型对象和构造函数对象 Company 的 prototype 属性指向的原型对象是同一个。

图 8-2 表示了实例对象和原型对象的关系。

图 8-2 实例对象和原型对象的关系

需要注意的是，__proto__不是 JavaScript 语言标准属性，但绝大部分浏览器都支持使用这个非标准的属性访问原型。事实上它并不存在于 Company.prototype 中，而是来自 Object.prototype。

8.3.2 实例与原型

在 JavaScript 中，每个原型对象都有指向构造函数的 constructor 属性。由于实例对象可以访问原型对象的属性和方法，因此通过实例对象的 constructor 属性就可以访问原型对象的构造函数。

【案例 8-6】实例与原型的构造函数。

```html
<html>
<head>
  <title>8-6 实例与原型的构造函数</title>
</head>
<body>
  <h1>实例与原型的构造函数</h1>
  <script type="text/javascript">
  //构造函数方式创建对象 Company
  function Company() {}
  //原型对象访问构造函数
  console.log(Company.prototype.constructor === Company); //true
  //实例对象访问构造函数
  var c1 = new Company();
  console.log(c1.constructor === Company); //true
  //修改原型对象
  Company.prototype = {
    getStr:function(){
      console.log("Company Hello!");
    }
  };
  var c2 = new Company();
  //实例 c2 可以访问新的原型对象中的属性
  c2.getStr();
  //constructor 属性无法访问原来的构造函数 Company()
  //因为修改后的原型的构造函数是默认的 Object()
  console.log(c2.constructor);
  </script>
</body>
</html>
```

程序输出结果为:

```
true
true
Company Hello!
function Object()
```

如果在实际开发中，需要在修改原型的同时保留构造函数，可以通过修改 constructor 属性值的方式实现。如案例 8-7 所示。

【案例 8-7】修改原型并保留构造函数。

```html
<html>
<head>
  <title>8-7 修改原型并保留构造函数</title>
</head>
<body>
  <h1>修改原型并保留构造函数</h1>
  <script type="text/javascript">
    //构造函数方式创建对象 Company
    function Company() {}
```

```
    //修改原型对象
    Company.prototype = {
      //指定构造函数为 Company()
      constructor:Company,
      getStr:function(){
        console.log("Company Hello!");
      }
    };
    var c = new Company();
    //实例 c 可以访问新的原型对象中的属性
    c.getStr();
    //constructor 属性可以访问原来的构造函数 Company()
    console.log(c.constructor);
  </script>
</body>
</html>
```

程序输出结果为：

```
Company Hello!
function Company()
```

了解了 prototype、__proto__ 和 constructor 属性的作用后，就可以灵活地在实例、原型和构造函数之间互相调用它们了，如图 8-3 所示。

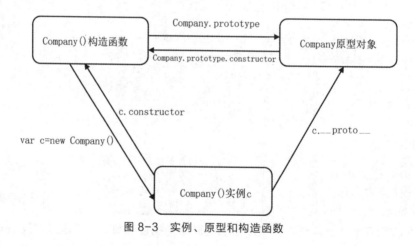

图 8-3　实例、原型和构造函数

8.3.3　原型链的结构

了解了实例、原型和构造函数的关系后，可以把原型链的结构总结为如下几点。

① 构造函数的 prototype 属性指向原型对象。

② 原型对象通过 constructor 属性指向构造函数。

③ 通过实例对象的 __proto__ 属性可以访问原型对象。

④ Object 原型对象的原型对象的 __proto__ 属性为 null。

原型链结构如图 8-4 所示。

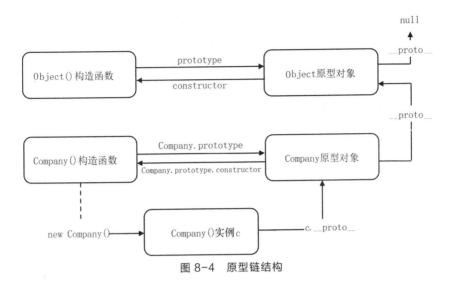

图 8-4　原型链结构

在实际开发中，在读取对象实例的属性时，如果该属性不存在，则会在实例的原型中查找属性，如果还找不到，就会沿着原型链查找原型的原型，一直找到最顶层。最顶层的原型对象就是 Object 对象。

8.3.4　对象的继承

在 ES6 标准引入 extends 关键字之前，JavaScript 面向对象编程是通过构造函数和原型对象来模拟实现继承效果的。在实际开发中，是使用构造函数继承父类属性和利用原型对象继承父类方法做到的。示例代码如案例 8-8 所示。

【案例 8-8】对象的继承。

```
<html>
<head>
  <title>8-8 对象的继承</title>
</head>
<body>
  <h1>对象的继承</h1>
  <script type="text/javascript">
    //父类构造函数
    function Company(l,r) {
      this.location = l;
      this.registrationCapital = r;
    }
    //父类成员方法
    Company.prototype.showDetail = function(){
      console.log("地址: " + this.location);
      console.log("注册资金: " + this.registrationCapital);
    };
    //子类构造函数
    function SoftwareCompany(l,r,n){
```

```
        Company.call(this,l,r);  //继承父类的属性
        this.name = n;           //子类自己的属性
    }
    //父类实例作为子类原型
    SoftwareCompany.prototype = new Company("武汉","500万元");
    //重新指定构造函数为子类
    SoftwareCompany.prototype.constructor = SoftwareCompany;
    //为子类添加方法
    SoftwareCompany.prototype.changeLocation = function(l){
        this.location = l;
    };
    //创建子类的实例
    var sc = new SoftwareCompany("武汉","500万元","DNSOFT");
    //调用父类方法
    sc.showDetail();
    //调用子类方法
    sc.changeLocation("上海");
    //调用父类方法
    sc.showDetail();
  </script>
</body>
</html>
```

程序输出结果为：

```
地址：武汉
注册资金：500万元
地址：上海
注册资金：500万元
```

值得注意的是，父类原型对象不能直接赋值给子类原型对象，否则子类和父类将共用成员方法，子类不能有独立的成员方法，给子类添加成员方法也会同时添加到父类。

8.4 使用 ECMAScript 6 新语法定义类

JavaScript 语言从 ES6 开始引入 class 关键字，使类的定义更加方便。在 ES6 标准中为了保证向后兼容性，class 关键字仅仅是建立在利用原型系统定义类方式上的语法糖，所以并没有带来任何的新特性，不过 class 关键字可以让面向对象编程的代码更加清晰且更易于维护，并且为今后版本里更多面向对象的新特性打下了基础。

1. 定义类并创建和使用对象实例

使用 class 关键字，可以按照案例 8-9 的方式定义一个类并创建和使用对象实例。

【案例 8-9】通过 class 关键字定义类并创建和使用对象实例。

```
<html>
<head>
  <title>8-9通过class关键字定义类并创建和使用对象实例</title>
```

```
</head>
<body>
  <h1>通过 class 关键字定义类并创建和使用对象实例</h1>
  <script type="text/javascript">
    class Car {
    //定义构造方法
    constructor(make, year) {
      //定义类成员
      this._make = make;
      this._year = year;
    }
    //定义成员方法
    make() {
      return this._make;
    }
    //定义成员方法
    year() {
      return this._year;
    }
    //定义成员方法
      toString() {
        return this.make() + ' ' + this.year();
      }
    }
    //创建对象实例
    var car = new Car('Toyota Corolla', 2015);
    //使用对象实例
    console.log(car.make());
    console.log(car.year());
    console.log(car.toString())
  </script>
</body>
</html>
```

程序输出结果为：

```
Toyota Corolla
2015
Toyota Corolla 2015
```

在遵循 ES6 标准的 JavaScript 代码中可以用 class 关键字定义一个类，在类定义中名为 constructor 的方法默认为类的构造方法。在构造方法里面可以定义类成员，做法和使用原型方式定义类是一致的。在类定义的代码块内还可以根据需要定义一系列的成员方法，在定义成员方法的时候注意不要加 function 关键字。创建和使用类实例对象与前面讲的原型方式是一致的。

2．类的继承

ES6 标准颁布以前，在 JavaScript 语言中可以使用原型方式定义类，但是要继承某个类的话会非常烦琐。ES6 标准中新增的 extends 和 super 关键字解决了这个问题。

案例 8-10 定义了一个继承自 Car 类的 Motorcycle 类并创建其对象实例。

193

【**案例 8-10**】定义继承自 Car 类的 Motorcycle 类并创建对象实例。

```html
<html>
<head>
  <title>8-10 定义继承自 Car 类的 Motorcycle 类并创建对象实例</title>
</head>
<body>
  <h1>定义继承自 Car 类的 Motorcycle 类并创建对象实例</h1>
  <script type="text/javascript">
    class Car {
      //定义构造方法
      constructor(make, year) {
        //定义类成员
        this._make = make;
        this._year = year;
      }
      //定义成员方法
      make() {
        return this._make;
      }
      //定义成员方法
      year() {
        return this._year;
      }
      //定义成员方法
      toString() {
        return this.make() + ' ' + this.year();
      }
    }
    //Motorcycle 继承自 Car
    class Motorcycle extends Car {
      constructor(make, year) {
        //调用父类的构造方法
        super(make, year);
      }
      //覆盖父类的同名方法
      toString() {
        //调用父类的 toString()方法
        return 'Motorcycle ' + super.toString();
      }
    }
    //创建和使用 Car 对象实例
    var car = new Car('Toyota Corolla', 2015);
    console.log(car.make()); // Toyota Corolla
    console.log(car.year()); // 2015
    console.log(car.toString()) // Toyota Corolla 2015
    //创建 Motorcycle 对象实例
    var motorcycle = new Motorcycle('Yamaha V-REX', 2015);
    //使用 Motorcycle 对象实例
    console.log(motorcycle.toString()) // Motorcycle Yamaha V-REX 2015
```

```
    </script>
  </body>
</html>
```

使用 extends 关键字可以让当前定义的类继承自一个现有的类，上面的代码中 Motorcycle 类继承自 Car 类。Motorcycle 类有一个构造方法，在构造方法中通过 super 关键字调用了父类的构造方法。Motorcycle 类还有一个名为 toString 的成员方法，该方法覆盖了父类 Car 中的同名方法，同时在方法内部通过 super 关键字调用了父类的 toString()方法。

3．语法兼容性

本质上用 ES6 语法中的 class 等新关键字创建类和用构造函数方式创建类是一致的，可以互相代替。目前，绝大多数浏览器都可以很好地支持 ES6 语法，对于不支持的浏览器或为了兼容旧版本的浏览器，可以借助如 gulp 或 Babel 之类的自动化工具将新语法转换为旧语法。

本章小结

本章首先讲解了面向对象编程思想，然后介绍了构造函数和原型对象的使用，通过案例的形式展示了如何实现基于构造函数方式和原型方式的面向对象编程，随后介绍了原型链以及如何实现基于原型链的对象继承，最后介绍了 ES6 标准新引入的面向对象编程方法。

通过本章的学习，读者应能理解 JavaScript 面向对象编程的概念，能运用构造函数方式、原型方式或 ES6 标准语法完成面向对象编程。

习 题

8-1 什么是面向对象编程？

8-2 如何使用构造函数方式和原型方式进行面向对象编程？

8-3 编写一个能提供加、减、乘、除运算方法的计算对象。

综合实训

目标

创建一个对象，让该对象具有计算几天后将是什么时间日期的功能。

准备工作

在进行本实训前，必须学习完本章的全部内容，并掌握 JavaScript 对象的创建和使用方法，以及自定义对象的实现方式。

实训预估时间：30min

使用混合的构造函数方式/原型方式定义日期对象，并设计计算和获取天数增加后的日期的方法。

第9章

JavaScript 库

09

本章导读

本章介绍什么是 JavaScript 库，并对现在常用的 jQuery 库进行介绍，然后说明如何利用 jQuery 库操作 DOM 和处理事件。

本章要点

- JavaScript 库的本质
- jQuery 库的使用
- 利用 jQuery 库实现 DOM 操作和事件处理

9.1 JavaScript 库简介

在 Web 前端项目开发中，JavaScript 语言的应用非常广泛，随着项目规模的不断扩大，JavaScript 代码的冗余度也在不断增加，除此之外，有些功能模块的代码开发难度大而且重复使用的频率非常高。为了降低代码冗余度和避免重复开发相同的功能模块，可以将使用频率高的代码或功能模块代码抽象出来，放在一个单独的 JavaScript 代码文件中，构成一个简单的、可复用的 JavaScript 代码文件。这类 JavaScript 代码文件可被称作 JavaScript 库。

除自己编写 JavaScript 库之外，还可以使用别人编写好的 JavaScript 库，例如 jQuery 这样的开源 JavaScript 库。使用优秀的开源库能给前端项目带来更高水平的可靠性并提升开发效率。

jQuery 库（可在其官方网站免费获取）是使用非常灵活的 JavaScript 库，与其他库相比，jQuery 库在设计上大量使用了方法链。jQuery 库定义了 $() 方法，该方法提供了对 DOM 元素获取操作的封装。

jQuery 库是一个简练并且功能强大的 JavaScript 库。如果需要为 Web 前端页面添加交互效果，如案例 9-1 所示，jQuery 库会是一个很好的选择。

【案例 9-1】利用 jQuery 库实现段落样式添加与显示。

```html
<html>
<head>
  <title>9-1 利用 jQuery 库实现段落样式添加与显示</title>
  <style type="text/css">
    p.neat {
      display: none;
      clear: both;
      margin: 1em 0;
      padding: 1em 15px;
      background: #0F67A1;
      width: 300px;
    }
  </style>
  <script type="text/javascript" src="jquery-3.6.0.js"></script>
  <script type="text/javascript">
    window.onload = function () {
      //按钮的事件处理方法
      function btnClick() {
        //为段落添加样式
        $("p.neat").addClass("ohmy").show("slow");
      }
      //为按钮绑定事件处理方法
      $("#btn").on("click", btnClick);
    }
  </script>
</head>
<body>
  <input id="btn" type="button" value="显示段落" /><br/>
```

```
<p class="neat">
 <strong>Congratulations!</strong> You just ran a snippet of jQuery code.
 Wasn't that easy? There's lots of example code throughout the
 documentation on the site. Be sure to give all the code a test
 run to see what happens.
</p>
</body>
</html>
```

使用 jQuery 库后，JavaScript 代码看上去有了很大变化。其实引入 jQuery 库后，JavaScript 在全局作用域下会引入$()和 jQuery()两个方法（也是 JavaScript 对象）。这两个方法本质上都引用的是同一个方法，即 jQuery 库中的顶级方法。值得注意的是，jQuery 库引入后，很多操作都会使用方法链的方式来完成，如下面的代码：

```
$("p.neat").addClass("ohmy").show("slow");
```

上述方法链实际上调用了 3 个方法，首先通过$()方法取得 DOM 元素，然后通过 addClass()方法给所有符合要求的 DOM 元素都增加类名"ohmy"，最后用 show()方法以动画方式显示 DOM 元素。上述代码会让当前页面中每个类名为 neat 的 p 标签都动态显示出来。

事件处理也是使用方法链实现的，如下面的代码：

```
$("#btn").on("click", btnClick);
```

首先通过$()方法取得需要进行事件处理的 DOM 元素，然后利用 on()方法给取得的 DOM 元素加入事件处理。

jQuery 库之所以能够实现方法链调用，是因为其定义的方法每次都返回一个 jQuery 对象。这个方法把自身当成一个类，每次运行都从它自己实例化出一个新对象。通过这种方式，jQuery 对象可以被当成一个单例对象来访问，或者被当成一个对象生成器来访问。

通过 jQuery 库官方网站，可以查到其原始学习资料。

9.2 jQuery 库的获取与使用

9.2.1 获取和引入 jQuery 库

jQuery 库可以从其官方网站获取，如图 9-1 所示。

图 9-1 jQuery 库官方网站

在 jQuery 库官方网站单击"Download jQuery"按钮即可进入下载页面，如图 9-2 所示。

截至本书完稿时可用的最新 jQuery 库版本是 3.6.0，早期的 jQuery 1.x 和 jQuery 2.x 已不再推荐使用，如果需要兼容早期代码，jQuery 库官方给出的解决方案是使用 jQuery Migrate Plugin。本书将以 jQuery 3.6.0 为例进行讲解。

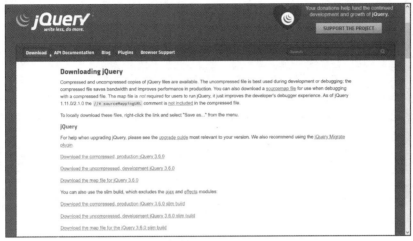

图 9-2　jQuery 下载页面

目前支持以多种方式引入 jQuery 库，以下是常用的几种方式。

① 使用 npm、Yarn 和 Bower 之类的包管理工具引入 jQuery 库，官方的下载页面有详细的使用说明，如图 9-3 所示。

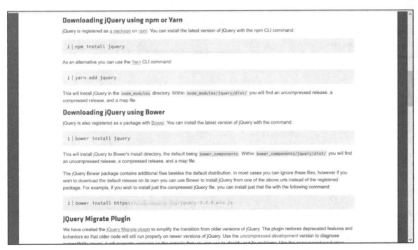

图 9-3　使用包管理工具引入 jQuery 库

② 使用内容分发网络（Content Delivery Network，CDN）引入 jQuery 库。CDN 是指一组分布在不同地理位置的服务器，它们协同工作以提供互联网内容的快速交付服务。CDN 允许快速传输加载互联网内容所需的资源，包括 Web 页面、JavaScript 文件、CSS、图像和视频等。jQuery 库官方也给出了详细的 CDN 引入说明，如图 9-4 所示。

需要注意的是，jQuery 库官方提供的 CDN 都是境外的服务，在国内使用速度会很慢，本书推荐使用国内的前端 CDN 服务。例如，引入 bootcdn.cn 提供的 jQuery 库。

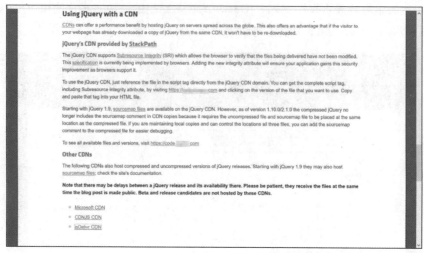

图 9-4　使用 CDN 引入 jQuery 库

③ 非常容易理解的引入 jQuery 库的方式是直接下载并使用 jQuery 库文件，本书也会使用这种方式在案例中引入 jQuery 库。所有版本的 jQuery 库文件都可以在官方的下载中心找到，如图 9-5 所示。

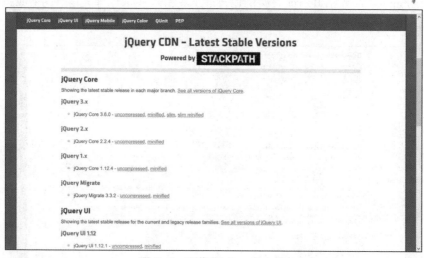

图 9-5　下载 jQuery 库文件

在下载页面中可以看到，每个 jQuery 库版本都会提供多种格式的文件供用户下载。uncompressed 表示开发版，该版本是未压缩的原始代码版本，易于调试和查看源代码，推荐在项目开发时引用。minified 表示压缩版，该版本去掉了源代码中全部的缩进、换行和注释，文件体积比开发版小，功能和开发版完全一样，网络传输速度更快，一般在已发布的产品中使用。在 jQuery 3.x 中还提供了 slim（简化版）和 slim minified（简化压缩版），这两个版本去掉了 Ajax 和 effects 模块，文件体积更小。

下载好 jQuery 库文件后，就能在页面中直接引用 jQuery 库了，代码如下所示：

```
<script src="jquery-3.6.0.js ">
</script>
```

9.2.2　jQuery 库使用基础

将 jQuery 库引入后就可以开始使用 jQuery 提供的功能了。jQuery 的所有功能都是由 $和 jQuery 两个全局对象提供的。这两个对象本质上引用的是同一个对象，即 jQuery 的顶层功能对象。

jQuery 顶层功能对象是一个构造方法，使用时可以通过$()和 jQuery()方法返回 jQuery 实例，通过 jQuery 实例即可调用 jQuery 库提供的功能方法。

【案例 9-2】隐藏页面元素。

```
<html>
<head>
  <title>9-2 隐藏页面元素</title>
  <style type="text/css">
    p.neat {
      clear: both;
      margin: 1em 0;
      padding: 1em 15px;
      background: #0F67A1;
      width: 300px;
    }
  </style>
  <script type="text/javascript" src="jquery-3.6.0.js"></script>
</head>
<body>
  <input id="btn" type="button" value="隐藏段落" /><br/>
  <p class="neat">
   <strong>Congratulations!</strong> You just ran a snippet of jQuery code.
   Wasn't that easy? There's lots of example code throughout
                                        the documentation on the
   site. Be sure to give all the code a test run to see what
   happens.
  </p>
  <script type="text/javascript">
    //为按钮绑定事件处理方法
    var btn = document.getElementById("btn");
    btn.onclick = function(){
       //$()方法返回 jQuery 对象实例
       //调用 hide()方法隐藏段落
       $("p.neat").hide("slow");
    };
  </script>
</body>
</html>
```

案例 9-2 中的$()方法通过参数获取到页面中的段落元素并包含在 jQuery 对象实例中返回，然后对返回的 jQuery 对象实例调用 hide()方法以动态的方式将页面中的段落隐藏起来。这就是一个典型的 jQuery 库使用方式，本章后面会详细讲解如何用 jQuery 库获取页面元素。

【案例 9-3】去掉字符串起始和结尾的空格。

```html
<html>
<head>
  <title>9-3 去掉字符串起始和结尾的空格</title>
  <script type="text/javascript" src="jquery-3.6.0.js"></script>
</head>
<body>
  <script type="text/javascript">
    //前后有空格的字符串
    var str = "   jQuery   ";
    //直接从控制台输出
    console.log("---" + str + "---");
    //调用 trim()方法后输出
    var $res = $.trim(str);
    console.log("---" + $res + "---");
  </script>
</body>
</html>
```

程序输出结果为：

```
---   jQuery   ---
---jQuery---
```

案例 9-3 使用了 jQuery 中的静态方法 trim()，该方法的用途是去掉字符串起始和结尾部分的空格，静态方法可以直接通过$或 jQuery 对象调用。

【案例 9-4】页面元素载入后执行。

```html
<html>
<head>
  <title>9-4 页面元素载入后执行</title>
  <script type="text/javascript" src="jquery-3.6.0.js"></script>
  <script type="text/javascript">
    $(function(){
      //获取段落元素
      var txt = document.getElementById("txt");
      //给段落添加文字
      txt.innerText = "Hello jQuery!";
    });
  </script>
</head>
<body>
  <p id="txt">
  </p>
</body>
</html>
```

运行结果如图 9-6 所示。

图 9-6　页面元素载入后执行

案例 9-4 使用 jQuery 库判断页面元素是否已载入完成，载入完成后再执行给定的代码。
jQuery 库判断页面元素载入完成的语法有两种，具体语法格式如下：

```
//语法 1
$(document).ready(fucntion(){
    //页面元素载入完成后执行
});
//语法 2
$(function(){
    //页面元素载入完成后执行
});
```

两种语法功能一样，案例 9-4 采用的是第二种语法。由于第二种语法比较简洁，在实际
开发中推荐使用这种语法。

jQuery 库的元素加载判断事件和 window.onload 属性功能类似，但也有所不同。jQuery
库提供的元素加载判断事件可以在 DOM 加载完成后触发，不必等待图片等外部资源的加载，
能够编写多个处理方法依次执行，使用上也比 window.onload 属性更简洁。

9.3　利用 jQuery 库操作 DOM

9.3.1　jQuery 库选择器

对 DOM 进行操作是 JavaScript 编程中经常需要完成的任务，jQuery 库结合了 CSS 和
XPath 选择器的特点，让用户可以在 DOM 中快捷、简便地获取元素或元素集合。

在 jQuery 库中，无论使用哪种类型的选择器，都可以使用$()或 jQuery()方法。$()方法简
化了 JavaScript 获取 DOM 元素的方式，而且一次可以获取一组 DOM 元素。在使用$()方法
获取 DOM 元素时，将自动执行循环，遍历所有符合参数要求的元素，并将元素保存到同
一个 jQuery 对象实例中。常用的一些选择器如下。

通过 HTML 标签名，取得 DOM 文档中所有 div 元素，返回的是一个元素集合，如下所示：
```
$("div");
```
取得 DOM 文档中 id 为 nickName 的一个元素，返回的是一个元素，如下所示：
```
$("#nickName");
```
取得 DOM 文档中类名为 user 的所有元素，返回的是一个元素集合，如下所示：
```
$(".user");
```
使用通配符 "*" 取得 DOM 文档中所有元素，如下所示：

```
$("*");
```

案例 9-5 演示了上述选择器的使用。

【**案例 9-5**】常用选择器。

```html
<html>
<head>
  <title>9-5 常用选择器</title>
  <script type="text/javascript" src="jquery-3.6.0.js"></script>
  <script type="text/javascript">
    $(function(){
        //通过标签名选择，并在控制台输出
        console.log($("div"));
        //通过类名选择，并在控制台输出
        console.log($(".p1"));
        //通过 id 选择，并在控制台输出
        console.log($("#p2"));
        //选择全部元素，并在控制台输出
        console.log($("*"));
    });
  </script>
</head>
<body>
  <div class="p1">
    <p>类名为"p1"的段落</p>
  </div>
  <div id="p2">
    <p>id 为"p2"的段落</p>
  </div>
</body>
</html>
```

运行结果如图 9-7 所示。

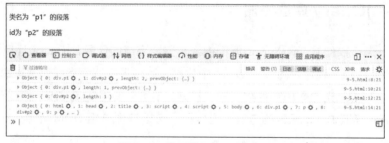

图 9-7 常用选择器运行结果

jQuery 库除能使用常用选择器获取 DOM 元素外，还支持使用高级 DOM 选择器获取 DOM 元素。

1. 组合选择器

jQuery 库中提供的组合选择器可以帮助用户方便地获取一组 DOM 元素，例如：

```
$("h1,div,#nickName");
```

上述代码通过 HTML 标签名，取得 DOM 文档中所有的 h1 和 div 元素，同时取得 DOM

文档中 id 为 nickName 的一个元素，将每一个选择器匹配到的元素合并后一起返回，返回的是一个元素集合。

案例 9-6 演示了组合选择器的使用。

【案例 9-6】组合选择器的使用。

```html
<html>
<head>
  <title>9-6 组合选择器的使用</title>
  <script type="text/javascript" src="jquery-3.6.0.js"></script>
  <script type="text/javascript">
    $(function(){
        //组合多种类型选择器，并在控制台输出
        console.log($("h1,.p1,#txtBox"));
    });
  </script>
</head>
<body>
  <h1>Hello jQuery!</h1>
  <div class="p1">
    <p>类名为"p1"的段落</p>
  </div>
  <input type="text" id="txtBox"/>
</body>
</html>
```

运行结果如图 9-8 所示。

图 9-8　组合选择器的使用运行结果

2. 层级选择器

jQuery 库的层级选择器可以帮助用户按照 HTML 标签层级选择元素。

通过 HTML 标签名，取得 DOM 文档中所有 div 元素的所有 span 后代元素，如下所示：

```
$("div span");
```

通过 HTML 标签名，取得 DOM 文档中所有 div 元素的所有 span 子元素。注意与上例的区别，本例选择的是子元素而不是后代元素，如下所示：

```
$("div>span");
```

通过 HTML 标签名，取得 DOM 文档中所有 p 元素的下一个标签名为 span 的元素，如下所示：

```
$("p+span");
```

通过 HTML 标签名，取得 DOM 文档中所有 p 元素下的所有标签名为 span 的元素。注意与上例的区别，本例选择的是 p 元素的子元素而不是 p 元素的下一个元素，如下所示：

```
$("p span");
```

案例 9-7 演示了层级选择器的使用。

【**案例 9-7**】层级选择器的使用。

```html
<html>
<head>
  <title>9-7 层级选择器的使用</title>
  <script type="text/javascript" src="jquery-3.6.0.js"></script>
  <script type="text/javascript">
    $(function(){
      //选择 div 元素的所有 span 后代元素，并在控制台输出
      console.log($("div span"));
      //选择 div 元素的所有 span 子元素，并在控制台输出
      console.log($("div>span"));
      //选择 p 元素的下一个标签名为 span 的元素，并在控制台输出
      console.log($("p+span"));
      //选择 p 元素下的所有标签名为 span 的元素，并在控制台输出
      console.log($("p span"));
    });
  </script>
</head>
<body>
  <h1>Hello jQuery!</h1>
  <div class="p1">
    <span>div 的子元素。</span>
    <p>类名为"p1"的段落。
      <span>div 的后代元素，p 的子元素。</span>
      <span>p 的另一个 span 子元素。</span>
    </p>
    <span>p 的下一个 span 元素。</span>
  </div>
</body>
</html>
```

运行结果如图 9-9 所示。

图 9-9　层级选择器的使用运行结果

3. 过滤选择器

jQuery 库支持的过滤选择器可以帮助用户在选择 DOM 元素的同时进行筛选。

通过 HTML 标签名，取得 DOM 文档中所有 div 元素中的第一个，如下所示：

```
$("div:eq(0) ");
```

通过 HTML 标签名，取得 DOM 文档中所有 div 元素中的所有偶数元素，如下所示：
```
$("div:even");
```
通过 HTML 标签名，取得 DOM 文档中所有 div 元素中的所有奇数元素，如下所示：
```
$("div:odd");
```
通过 HTML 标签名，取得 DOM 文档中所有 div 元素中的第一个，如下所示：
```
$("div:first");
```
通过 HTML 标签名，取得 DOM 文档中所有 div 元素中的索引大于 0 的所有元素，如下所示：
```
$("div:gt(0) ");
```
通过 HTML 标签名，取得 DOM 文档中所有 div 元素中的索引小于 6 的所有元素，如下所示：
```
$("div:lt(6) ");
```
通过 HTML 标签名，取得 DOM 文档中所有 div 元素中的最后一个，如下所示：
```
$("div:last");
```
案例 9-8 演示了过滤选择器的使用。

【案例 9-8】过滤选择器的使用——斑马表格。
```html
<html>
<head>
  <title>9-8 过滤选择器的使用——斑马表格</title>
  <style type="text/css">
    table{
      border-collapse:collapse; // 合并边框属性
      width: 100%;
    }
    tr{
      border-bottom-style: solid;
      border-bottom-width: 1px;
      border-bottom-color: lightgray;
      height:35px;
    }
    .color{
      background-color:LightSkyBlue;
    }
    td{
      width:25%;
      text-align:center;
    }
  </style>
  <script type="text/javascript" src="jquery-3.6.0.js"></script>
  <script type="text/javascript">
    $(function(){
      //过滤选择器，选择表格偶数行元素并输出
      console.log($("tr:even"));
      //选择表格的偶数行并设置背景色 CSS 类，在控制台输出
      $("tr:even").addClass("color");
    });
```

```
      </script>
  </head>
  <body>
    <table>
      <tr>
        <th>id</th>
        <th>名称</th>
        <th>销量</th>
        <th>价格</th>
      </tr>
      <tr>
        <td>1</td>
        <td>西瓜</td>
        <td>340</td>
        <td>58.00</td>
      </tr>
      <tr >
        <td>2</td>
        <td>火龙果</td>
        <td>320</td>
        <td>76.00</td>
      </tr>

      <tr >
        <td>3</td>
        <td>香蕉</td>
        <td>380</td>
        <td>38.00</td>
      </tr>
      <tr >
        <td>4</td>
        <td>榴莲</td>
        <td>400</td>
        <td>90.00</td>
      </tr>
    </table>
  </body>
</html>
  </body>
</html>
```

运行结果如图 9-10 所示。

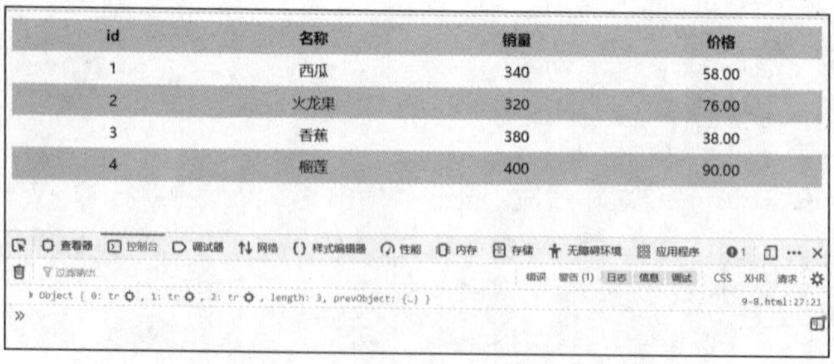

图 9-10 过滤选择器的使用——斑马表格运行结果

4．子元素选择器

子元素选择器可以帮助用户对选择出的 DOM 元素的直接子元素进行匹配。

取得 DOM 文档中 id 为 nickName 的元素并返回其父元素的第一个直接子元素，如下所示：

```
$("#nickName:first-child");
```

取得 DOM 文档中 id 为 nickName 的元素并返回其父元素的最后一个直接子元素，如下所示：

```
$("#nickName:last-child");
```

取得 DOM 文档中 id 为 nickName 的元素并返回其父元素的索引为 2 的直接子元素，如下所示：

```
$("#nickName:nth-child(2) ");
```

取得 DOM 文档中 id 为 nickName 的元素，如果其父元素只有一个直接子元素，则将这个子元素返回，如下所示：

```
$("#nickName:only-child");
```

案例 9-9 演示了子元素选择器的使用。

【案例 9-9】子元素选择器的使用——下拉列表框。

```html
<html>
<head>
  <title>9-9 子元素选择器的使用——下拉列表框</title>
  <script type="text/javascript" src="jquery-3.6.0.js"></script>
  <script type="text/javascript">
    $(function(){
      //找到 option 父元素的第一个直接子元素并在控制台输出对应值
      console.log($("option:first-child").text());
      //找到 option 父元素的最后一个直接子元素并在控制台输出对应值
      console.log($("option:last-child").text());
      //找到 option 父元素的索引为 2 的直接子元素并在控制台输出对应值
      console.log($("option:nth-child(2)").text());
    });
  </script>
</head>
<body>
  <select id="lst">
    <option value="1">苹果</option>
    <option value="2">香蕉</option>
    <option value="3">梨子</option>
    <option value="4">西瓜</option>
    <option value="5">榴莲</option>
  </select>
</body>
</html>
</body>
</html>
```

运行结果如图 9-11 所示。

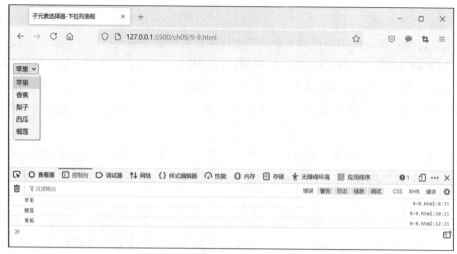

图 9-11　子元素选择器的使用——下拉列表框运行结果

9.3.2　DOM 元素操作

通过 jQuery 库选择器可以获取到页面 DOM 中的元素，返回的结果是包含 DOM 元素的 jQuery 对象，使用 jQuery 对象提供的 DOM 操作方法，可以对页面 DOM 元素进行创建、添加、修改和删除操作。

包含 DOM 元素的 jQuery 对象和由 JavaScript 标准代码获取的 DOM 元素对象是不一样的，两者使用的方式不同，不能混用。DOM 元素对象不能使用 jQuery 对象提供的 DOM 操作方法，jQuery 对象也不能使用标准 JavaScript 中的 DOM 操作方法。

jQuery 对象中包含的 DOM 元素对象可以通过 each()方法进行遍历，用法如下：

```html
<table>
  <tr>
    <td>火龙果</td>
    <td>西瓜</td>
    <td>香蕉</td>
    <td>榴莲</td>
  </tr>
</table>
<script type="text/javascript">
  //each()方法的参数是一个自定义方法
  //这个自定义方法的第一个参数是 DOM 元素的索引
  //第二个参数是 DOM 元素的引用
  $("td").each(function(index,domEle){
    console.log(index);
    console.log(domEle);
    //this 也指向当前引用的 DOM 元素
    console.log(this);
  });
</script>
```

通过 jQuery 对象的 each()方法可以方便地遍历 jQuery 对象中包含的 DOM 元素，jQuery 对象本质上是对 DOM 元素对象进行了包装。在实际开发中，jQuery 对象和 DOM 对象之间也是可以进行转换的。

【**案例 9-10**】包含 DOM 元素的 jQuery 对象。

```html
<html>
<head>
    <title>9-10 包含 DOM 元素的 jQuery 对象</title>
    <script type="text/javascript" src="jquery-3.6.0.js"></script>
    <script type="text/javascript">
        $(function(){
            //获取 DOM 对象，并在控制台输出
            var dtxt = document.getElementById("txtBox");
            console.log(dtxt);
            //获取 jQuery 对象，并在控制台输出
            var jtxt = $("#txtBox");
            console.log(jtxt);
            //DOM 对象转换为 jQuery 对象
            var jtxt2 = $(dtxt);
            console.log(jtxt2);
            //jQuery 对象转换为 DOM 元素对象
            //两种方式实现
            //var dtxt2 = jtxt.get(0);
            var dtxt2 = jtxt[0];
            console.log(dtxt2);
        });
    </script>
</head>
<body>
    <input type="text" id="txtBox"/>
</body>
</html>
```

运行结果如图 9-12 所示。

图 9-12　包含 DOM 元素的 jQuery 对象运行结果

如案例 9-10 所示，DOM 对象可以作为$()方法的参数传入，该方法会返回包含该 DOM 元素的 jQuery 对象。在将 jQuery 对象转换成 DOM 对象时，由于一个 jQuery 对象中可以包含多个 DOM 元素，因此在转换成 DOM 对象时需要加上索引，索引 0 表示当前 jQuery 对象包含的第一个 DOM 元素。

下面将逐一介绍 jQuery 对象支持的 DOM 元素操作方法。

1. 创建 DOM 元素

创建 DOM 元素可以使用 jQuery 库的$()方法来完成，该方法会根据传入的 HTML 字符串返回一个包含 DOM 元素的 jQuery 对象，例如创建一个 id 为 foot 的 div 元素可以使用如下代码实现：

```
var d = $("<div id='foot'></div>");
```

新创建的 DOM 元素在被添加到页面 DOM 中之前是独立存在的，如下所示：

```
var l = $("ul li:eq(0)").clone(true);
```

clone()方法能够复制元素，并且能够根据参数决定是否复制元素的行为。上面的代码复制 ul 元素的第一个 li 元素，true 参数表示复制元素时也复制元素行为，当不复制元素行为时 Clone()方法没有参数。

复制的 DOM 元素在被添加到页面 DOM 中之前是独立存在的。

2. 添加 DOM 元素

jQuery 库提供了多种方法将 jQuery 对象中的 DOM 元素添加到页面 DOM，常用的方法如下：

```
$("ul").append("<li>武汉</li>");
```

append()方法的作用是在匹配的元素内部添加子元素。上面的代码查找 ul 元素，然后向 ul 元素中添加新建的 li 元素。

```
$("<li>武汉<li>").appendTo("ul");
```

appendTo()方法的作用是将创建的或匹配的元素添加到指定的元素内部。上面的代码新建 li 元素，然后把 li 元素添加到查找到的 ul 元素中，将其作为 ul 元素的最后一个子元素。

```
$("ul").prepend("<li>成都</li>");
```

prepend()方法的作用是向所有匹配的元素前置添加子元素。上面的代码查找 ul 元素，然后将新建的 li 元素作为 ul 元素的第一个子元素插入 ul 元素中。

```
$("<li>成都</li>").prependTo("ul");
```

prependTo()方法的作用是将创建的元素前置添加到指定的元素内部。上面的代码将新建的 li 元素插入查找到的 ul 元素中，将其作为 ul 元素的第一个子元素。

```
$("ul").after("<span>是新一线城市</span>");
```

after()方法的作用是向匹配的元素后面添加元素，新添加的元素作为目标元素后的第一个兄弟元素。上面的代码查找 ul 元素，然后把新建的元素添加到 ul 元素后面，将其作为 ul 元素的兄弟元素。

```
$("<span>是新一线城市</span>").insertAfter("ul");
```

insertAfter()方法的作用是将新建的元素插入查找到的目标元素后，将其作为目标元素的兄弟元素。上面的代码将新建的 span 元素添加到查找到的目标元素 ul 后面，将其作为目标元素后面的第一个兄弟元素。

```
$("ul").before("<span>下面的城市: </span>");
```

before()方法的作用是向匹配的元素之前插入元素，将其作为匹配元素的前一个兄弟元素。上面的代码将新建的 span 元素插入 ul 元素之前，将其作为 ul 元素的前一个兄弟元素。

```
$(""<span>居住过的城市: </span>"").insertBefore("ul");
```

insertBefore()方法的作用是将创建的元素添加到目标元素前，将其作为目标元素的前一个兄弟元素。上面的代码将新建的 span 元素添加到 ul 元素前，将其作为 ul 元素的前一个兄弟元素。

【案例 9-11】创建与添加 DOM 元素。

```html
<html>
<head>
    <title>9-11 创建与添加 DOM 元素</title>
    <script type="text/javascript" src="jquery-3.6.0.js"></script>
    <script type="text/javascript">
      $(function(){
        var btn1 = document.getElementById("btn1");
        btn1.onclick = function(){
          //创建元素 li
          var l = $("<li>武汉</li>");
          //使用 append()方法添加创建的元素到 ul 元素中，将其作为最后一个子元素
          $("ul").append(l);
        };
        var btn2 = document.getElementById("btn2");
        btn2.onclick = function(){
          //使用 prepend()方法添加创建的元素到 ul 元素中，将其作为第一个子元素
          $("ul").prepend("<li>成都</li>");
        };
        var btn3 = document.getElementById("btn3");
        btn3.onclick = function(){
          //使用 after()方法添加创建的元素到 ul 元素中，将其作为下一个兄弟元素
          $("ul").after("<span>是新一线城市</span>");
        };
        var btn4 = document.getElementById("btn4");
        btn4.onclick = function(){
          //使用 before()方法添加创建的元素到 ul 元素中，将其作为前一个兄弟元素
          $("ul").before("<span>居住过的城市: </span>");
        };
      });
    </script>
</head>
<body>
    <ul id="lst">
    </ul>
    <hr/>
    <input type="button" id="btn1" value="append()"/>
    <input type="button" id="btn2" value="prepend()"/>
    <input type="button" id="btn3" value="after()"/>
    <input type="button" id="btn4" value="before()"/>
</body>
</html>
```

运行结果如图 9-13 所示。

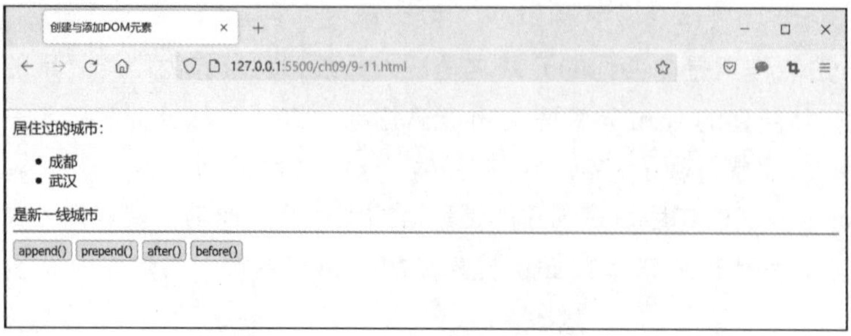

图 9-13　创建与添加 DOM 元素运行结果

在案例 9-11 中，打开页面后，从左至右依次单击按钮，可以看到在页面 DOM 不同位置创建与添加元素的效果。

3．修改 DOM 元素

jQuery 库提供了替换元素和包裹元素的方法来修改 DOM 元素。

有两个方法可用于替换页面中的 DOM 元素：replaceWith()和 replaceAll()。replaceWith()方法使用后面的元素替换前面的元素，replaceAll()方法使用前面的元素替换后面的元素，用法如下：

```
$("ul li:eq(0)").replaceWith("<li>南京</li>");
```

上述代码将 ul 元素中的第一个 li 元素替换为新创建的元素。

```
$("<li>武汉</li>").repalceAll("li");
```

上述代码用新创建的 li 元素替换页面 DOM 中的全部 li 元素。

包裹元素可以使用 wrap()、wrapAll()和 wrapInner()方法，使用包裹元素方法可以让指定的标签包裹目标元素，包裹元素的操作不会改变原有的元素，用法如下：

```
$("ul").wrap("<div></div>");
```

上述代码使用 div 标签包裹选中的 ul 元素，每一个 ul 元素都单独被 div 标签包裹。

```
$("p").wrapAll("<div></div>");
```

上述代码使用 div 标签包裹选中的 p 元素，将所有选中的 p 元素放在一个 div 标签里面。

```
$("li").wrapInner("<b></b>");
```

上述代码使用 b 标签包裹每一个 li 元素的子元素。

【案例 9-12】修改 DOM 元素。

```html
<html>
<head>
  <title>9-12 修改 DOM 元素</title>
  <style type="text/css">
    div {
      background-color: antiquewhite;
    }
  </style>
  <script type="text/javascript" src="jquery-3.6.0.js"></script>
  <script type="text/javascript">
    $(function(){
```

```
        var btn1 = document.getElementById("btn1");
        btn1.onclick = function(){
            //使用 replaceWith()方法替换第一个 li 元素
            $("ul li:eq(0)").replaceWith("<li>南京</li>");
        };
        var btn2 = document.getElementById("btn2");
        btn2.onclick = function(){
            //使用 wrap()方法用 div 标签包裹 ul 元素
            $("ul").wrap("<div></div>");
        };
        var btn3 = document.getElementById("btn3");
        btn3.onclick = function(){
            //使用 wrapInner()方法用 b 标签包裹 li 的子元素
            $("li").wrapInner("<b></b>");
        };
    });
  </script>
</head>
<body>
  <ul id="lst">
    <li>成都</li>
    <li>武汉</li>
  </ul>
  <hr/>
  <input type="button" id="btn1" value="replaceWith()"/>
  <input type="button" id="btn2" value="wrap()"/>
  <input type="button" id="btn3" value="wrapInner()"/>
</body>
</html>
```

运行结果如图 9-14 所示。

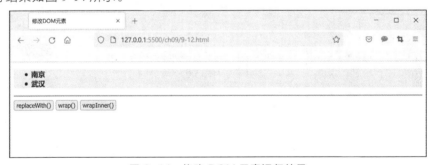

图 9-14　修改 DOM 元素运行结果

在案例 9-12 中，打开页面后，从左至右依次单击按钮，可以看到使用不同方法修改页面 DOM 元素的效果。

4. 删除 DOM 元素

jQuery 库提供了删除元素和清空元素的方法来删除 DOM 元素。用法如下：

```
var l = $("ul li:eq(0)").remove();
```

remove()方法删除所有匹配的元素，传入的参数用于筛选元素，该方法将删除选中的 DOM

元素和其所有的子元素，该方法返回值是指向被删除元素的引用。被删除的 DOM 元素可以重新添加到页面 DOM 中。上面的代码删除了 ul 元素中的第一个 li 子元素，并返回其引用。

```
$("ul").empty();
```

empty()方法并不是删除选中的 DOM 元素，而是清空选中的 DOM 元素，相当于删除了选中的 DOM 元素的全部子元素。上面的代码删除了 ul 元素全部的子元素，只留下 ul 元素。

【案例 9-13】删除 DOM 元素。

```html
<html>
<head>
  <title>9-13 删除 DOM 元素</title>
  <script type="text/javascript" src="jquery-3.6.0.js"></script>
  <script type="text/javascript">
    $(function(){
      var btn1 = document.getElementById("btn1");
      btn1.onclick = function(){
        //使用 remove()方法删除第一个 li 元素
        $("ul li:eq(0)").remove();
      };
      var btn2 = document.getElementById("btn2");
      btn2.onclick = function(){
        //使用 empty()方法清空 ul 元素
        $("ul").empty();
      };
    });
  </script>
</head>
<body>
  <ul id="lst">
    <li>成都</li>
    <li>武汉</li>
  </ul>
  <hr/>
  <input type="button" id="btn1" value="remove()"/>
  <input type="button" id="btn2" value="empty()"/>
</body>
</html>
```

运行结果如图 9-15 所示。

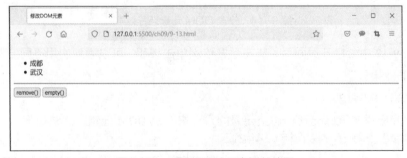

图 9-15　删除 DOM 元素运行结果

在案例 9-13 中，打开页面后，从左至右依次单击按钮，可以看到使用不同方法删除页面
DOM 元素的效果。

9.3.3　DOM 元素属性操作

jQuery 库中元素的属性操作主要由 prop()、attr()和 removeAttr()方法来实现，prop()方法
用于获取和设置 DOM 元素的属性值，attr()方法用于获取和设置 DOM 元素对应 HTML 标签
中的属性值，removeAttr()方法用于从 DOM 元素移除一个或多个属性。

【案例 9-14】DOM 元素属性。

```html
<html>
<head>
  <title>9-14DOM 元素属性</title>
  <script type="text/javascript" src="jquery-3.6.0.js"></script>
  <script type="text/javascript">
    $(function(){
      var btn1 = document.getElementById("btn1");
      btn1.onclick = function(){
        //使用 prop()方法获取元素属性值
        $(":checkbox").each(function(index,domEle){
          console.log($(domEle).prop("checked"));
        });
      };
      var btn2 = document.getElementById("btn2");
      btn2.onclick = function(){
        //使用 attr()方法获取元素对应 HTML 标签中的属性值
        $(":checkbox").each(function(index,domEle){
          console.log($(domEle).attr("checked"));
        });
      };
      var btn2 = document.getElementById("btn3");
      btn3.onclick = function(){
        //使用 prop()方法设置元素属性值
        $(":checkbox").each(function(index,domEle){
          $(domEle).prop("checked",true);
        });
      };
    });
  </script>
</head>
<body>
  <input type="checkbox" >武汉</input><br/>
  <input type="checkbox" checked="checked">南京</input>
  <hr/>
  <input type="button" id="btn1" value="prop()方法获取属性值"/>
  <input type="button" id="btn2" value="attr()方法获取 HTML 标签的属性值"/>
  <input type="button" id="btn3" value="全选"/>
</body>
</html>
```

运行结果如图 9-16 所示。

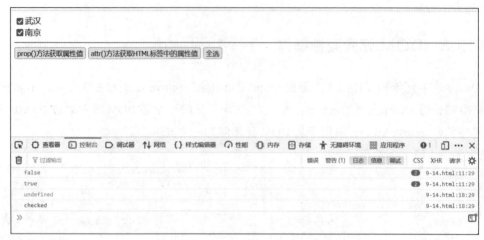

图 9-16　DOM 元素属性运行结果

在案例 9-14 中，打开页面后，从左至右依次单击按钮，可以看到使用 prop()方法获取和设置属性值以及使用 attr()方法获取 HTML 标签中的属性值的效果。

使用 jQuery 库操作元素属性需注意的是，attr()方法对应 DOM 元素的 HTML 标签属性，设置的属性只能是字符型。prop()方法设置的是 DOM 元素的属性，值可以为包括数组和对象在内的任意类型。attr()方法内部调用的是 JavaScript 标准语言中 Element 对象的 getAttribute()和 setAttribute()两个方法，prop()方法本质是对 DOM 元素属性的获取和设置。

在实际开发中，设置或获取 checked、selected、disabled 等属性应该使用 prop()方法，而且在目前的 jQuery 库中更推荐使用 prop()方法操作 DOM 元素属性。

9.3.4　DOM 元素样式操作

在 jQuery 库中，可以使用 css()方法获取和设置样式，使用 addClass()方法添加样式类名到 DOM 元素，使用 removeClass()方法从 DOM 元素中删除样式类名，使用 toggleClass()方法切换 DOM 元素样式类名。

1. 样式操作

css()方法获取和设置样式的用法如下：

```
$("div").css("width");
```

上述代码可以获取 div 元素的 width 样式的值。

```
$("div").css("height","100px");
```

上述代码可以设置 div 元素的 height 样式的值。

```
$("div").css({
  "width":"150px",
  "height":"150px",
  "background-color":"darkcyan"
});
```

上述代码可以同时设置 div 元素的 width、height 和 background-color 样式的值。

【案例 9-15】DOM 元素样式。

```html
<html>
<head>
  <title>9-15DOM 元素样式</title>
  <style type="text/css">
    div{
      width: 200px;
      height: 200px;
      background-color: burlywood;
    }
  </style>
  <script type="text/javascript" src="jquery-3.6.0.js"></script>
  <script type="text/javascript">
    $(function(){
      var btn1 = document.getElementById("btn1");
      btn1.onclick = function(){
        //使用 css()方法获取元素样式值
        console.log($("div").css("width"));
        console.log($("div").css("background-color"));
      };
      var btn2 = document.getElementById("btn2");
      btn2.onclick = function(){
        //使用 css()方法设置元素样式值
        $("div").css("width","100px");
        $("div").css("height","100px");
      };
      var btn2 = document.getElementById("btn3");
      btn3.onclick = function(){
        //使用 css()方法一次设置多个元素样式值
        $("div").css({
          "width":"150px",
          "height":"150px",
          "background-color":"darkcyan"
        });
      };
    });
  </script>
</head>
<body>
  <div></div>
  <hr/>
  <input type="button" id="btn1" value="css()方法获取元素样式值"/>
  <input type="button" id="btn2" value="css()方法设置元素样式值"/>
  <input type="button" id="btn3" value="css()方法同时设置多个元素样式值"/>
</body>
</html>
```

运行结果如图 9-17 所示。

219

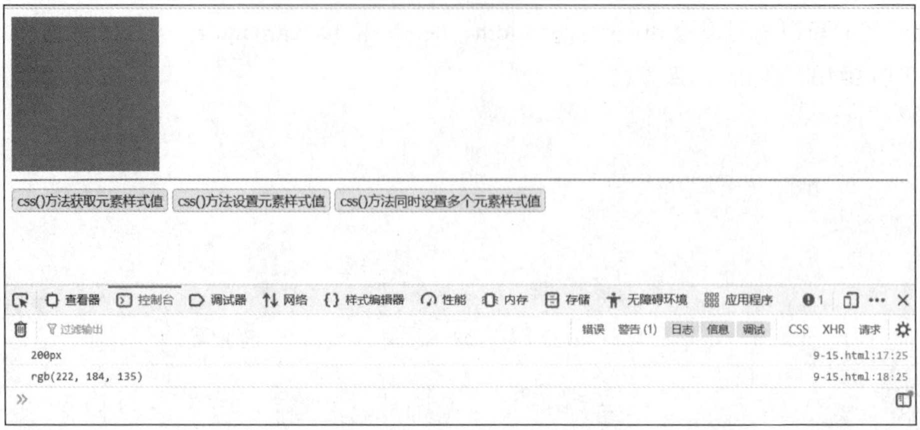

图 9-17　DOM 元素样式运行结果

在案例 9-15 中，打开页面后，从左至右依次单击按钮，可以看到使用 css()方法获取和设置 DOM 元素样式的效果。

2. 样式类名操作

addClass()方法的作用是向指定的 DOM 元素添加一个或多个样式类名，用法如下：

```
$("div").addClass("burlywood");
$("div").addClass("burlywood darkcyan");
```

上面的第一行代码向 div 元素添加由一个参数指定的样式类名，第二行代码向 div 元素同时添加由两个参数指定的样式类名，传入的两个参数由空格分隔。

removeClass()方法的作用是从指定的 DOM 元素中删除一个或多个样式类名，用法如下：

```
$("div").removeClass("burlywood");
$("div").removeClass ("burlywood darkcyan");
```

上面的第一行代码从 div 元素中删除由一个参数指定的样式类名，第二行代码从 div 元素中同时删除由两个参数指定的样式类名，传入的两个参数由空格分隔。

toggleClass()方法用来为元素添加或删除由参数指定的样式类名，如果不存在就添加，如果存在就删除，用法如下：

```
$("div").toggleClass("darkcyan");
```

上面的代码向 div 元素添加或删除一个由参数指定的样式类名，样式类名已经存在就删除，不存在则添加。

【案例 9-16】样式类名操作。

```
<html>
<head>
  <title>9-16 样式类名操作</title>
  <style type="text/css">
    .burlywood{
      width: 200px;
      height: 200px;
      background-color: burlywood;
    }
    .darkcyan{
```

```
      width: 150px;
      height: 150px;
      background-color: darkcyan;
    }
  </style>
  <script type="text/javascript" src="jquery-3.6.0.js"></script>
  <script type="text/javascript">
    $(function(){
      var btn1 = document.getElementById("btn1");
      btn1.onclick = function(){
        //使用 addClass()添加样式类名
        $("div").addClass("burlywood");
      };
      var btn2 = document.getElementById("btn2");
      btn2.onclick = function(){
        //使用 removeClass()方法删除样式类名
        $("div").removeClass("burlywood");
      };
      var btn2 = document.getElementById("btn3");
      btn3.onclick = function(){
        //使用 toggleClass()方法切换样式类名
        $("div").toggleClass("darkcyan");
      };
    });
  </script>
</head>
<body>
  <div></div>
  <hr/>
  <input type="button" id="btn1" value="addClass()"/>
  <input type="button" id="btn2" value="removeClass()"/>
  <input type="button" id="btn3" value="toggleClass()"/>
</body>
</html>
```

运行结果如图 9-18 所示。

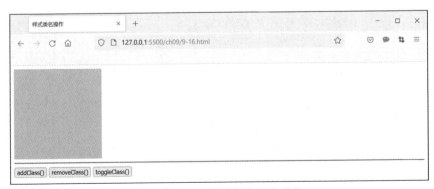

图 9-18　样式类名操作运行结果

在案例 9-16 中，打开页面后，从左至右依次单击按钮，可以看到操作 DOM 元素样式类名的效果。

9.3.5　DOM 元素内容操作

jQuery 库中可以通过 html()方法、text()方法和 val()方法获取或设置 DOM 元素的内容。html()方法用于获取或设置 DOM 元素的 HTML 内容，text()方法用于获取或设置 DOM 元素的文本内容，val()方法用于获取或设置 DOM 元素的表单元素的值。

【案例 9-17】DOM 元素内容。

```html
<html>
<head>
  <title>9-17DOM 元素内容</title>
  <script type="text/javascript" src="jquery-3.6.0.js"></script>
  <script type="text/javascript">
    $(function(){
      var btn1 = document.getElementById("btn1");
      btn1.onclick = function(){
        //获取 div 元素的 HTML 内容
        console.log($("div").html());
        //设置 div 元素的 HTML 内容
        $("div").html("<i>元素内容操作</i>");
      };
      var btn2 = document.getElementById("btn2");
      btn2.onclick = function(){
        //获取 div 元素的文本内容
        console.log($("div").text());
        //设置 div 元素的文本内容，原有子元素内容被移除
        $("div").text("设置元素文本");
      };
      var btn2 = document.getElementById("btn3");
      btn3.onclick = function(){
        //获取文本框的值
        console.log($("input").val());
        //设置文本框的值
        $("input:text").val("英雄的城市");
        //获取下拉列表框中选中项的对应值
        console.log($("select").val());
        //设置下拉列表框中值为 3 的项
        $("select").val(3);
      };
    });
  </script>
</head>
<body>
  <div><b>元素内容操作</b></div>
  <input type="text" value=""/>
  <select>
    <option value="1">南京</option>
    <option value="2">成都</option>
    <option value="3">武汉</option>
```

```
    </select>
    <hr/>
    <input type="button" id="btn1" value="html()"/>
    <input type="button" id="btn2" value="text()"/>
    <input type="button" id="btn3" value="val()"/>
</body>
</html>
```

运行结果如图 9-19 所示。

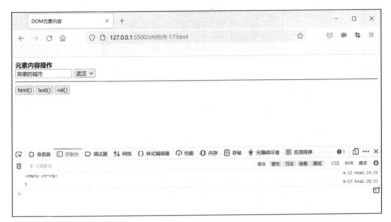

图 9-19　DOM 元素内容运行结果

在案例 9-17 中，打开页面后，从左至右依次单击按钮，可以看到获取和设置 DOM 元素内容的效果。

9.4　jQuery 库事件处理

jQuery 库提供了一系列事件相关的方法，可以实现事件的绑定、触发和解绑等，在事件触发时可以通过事件对象来获取事件相关的信息或阻止事件的默认行为。

9.4.1　绑定事件

单个事件的绑定可以通过调用事件方法并传入事件处理方法实现，除此之外，通过 on() 方法可以为匹配元素绑定一个或多个事件处理方法。jQuery 库常用事件方法如表 9-1 所示。

表 9-1　jQuery 库常用事件方法

分类	方法	说明
鼠标事件	click()	绑定或触发 click 事件，当鼠标指针停留在元素上方，然后按下并松开鼠标左键时触发
	dblclick()	绑定或触发 dblclick 事件，在系统双击时间限度内，鼠标指针停留在元素上方，然后按下并松开鼠标左键两次时触发
	mousedown()	绑定或触发 mousedown 事件，当鼠标指针移动到元素上方，并按下鼠标按键（左、右键均可）时触发

223

续表

分类	方法	说明
鼠标事件	mouseenter()	绑定或触发 mouseenter 事件，只有鼠标指针穿过被选元素时触发
	mouseleave()	绑定或触发 mouseleave 事件，只有鼠标指针离开被选元素时被触发
	mousemove()	绑定或触发 mousemove 事件，鼠标指针在被选元素中移动时触发
	mouseout()	绑定或触发 mouseout 事件，鼠标指针离开被选元素和其任意子元素时触发
	mouseover()	绑定或触发 mouseover 事件，鼠标指针穿过被选元素或其子元素时触发
	mouseup()	绑定或触发 mouseup 事件，当在元素上松开鼠标按键（左、右键均可）时间出发
	hover()	绑定或触发 hover 事件，该事件方法传入两个事件处理方法，分别在鼠标指针在被选元素上悬停和离开时触发
表单事件	blur()	绑定或触发 blur 事件，被选元素失去焦点时触发
	change()	绑定或触发 change 事件，被选元素值改变时触发
	focus()	绑定或触发 focus 事件，被选元素获取焦点时触发
	focusin()	绑定或触发 focusin 事件，当被选元素或在其内的任意子元素获得焦点时触发
	focusout()	绑定或触发 focusout 事件，当被选元素或在其内的任意子元素失去焦点时触发
	select()	绑定或触发 select 事件，input 和 textarea 标签中的文本被选中时触发
	submit()	绑定或触发 submit 事件，提交表单时触发
浏览器事件	resize()	绑定或触发 resize 事件，浏览器窗口大小改变时触发
	scroll()	绑定或触发 scroll 事件，浏览器滚动条变化时触发
键盘事件	keydown()	绑定或触发 keydown 事件，按键盘按键时触发
	keypress()	绑定或触发 keypress 事件，键盘按键按下时触发，和 keydown 事件的区别是，有些键不会触发 keypress 事件，例如 Alt、Ctrl、Shift 和 Esc 键
	keyup()	绑定或触发 keyup 事件，键盘按键弹起时触发

表 9-1 列出了 jQuery 库常用的事件方法，除了 hover() 接收两个事件处理函数，分别对应鼠标指针悬停和离开事件之外，其他的事件方法都接收一个事件处理函数作为参数。通过事件方法绑定事件具体案例如下。

【案例 9-18】事件方法绑定事件。

```
<html>
<head>
```

```html
<title>9-18 事件方法绑定事件</title>
<style type="text/css">
  div {
    background-color: aqua;
  }
</style>
<script type="text/javascript" src="jquery-3.6.0.js"></script>
<script type="text/javascript">
$(function(){
    //单击事件处理
    $("#btn1").click(function(){
      console.log("按钮被单击");
    });
    //hover()事件方法需要接收两个事件处理方法
    $("div").hover(function(){
      $("div").css("background-color","burlywood");
    },function(){
      $("div").css("background-color","aqua");
    })
    //文本框获取焦点事件
    $("input:text").focus(function(){
      $(this).css("background-color","yellow");
    })
    //文本框失去焦点事件
    $("input:text").blur(function(){
      $(this).css("background-color","");
    })
    //下拉列表框选择改变时触发
    $("select").change(function(){
      console.log($(this).val())
    });
  });
</script>
</head>
<body>
  <div><b>元素内容操作</b></div>
  <input type="text" value=""/>
  <select>
    <option value="1">南京</option>
    <option value="2">成都</option>
    <option value="3">武汉</option>
  </select>
  <hr/>
  <input type="button" id="btn1" value="单击事件"/>
</body>
</html>
```

运行结果如图 9-20 所示。

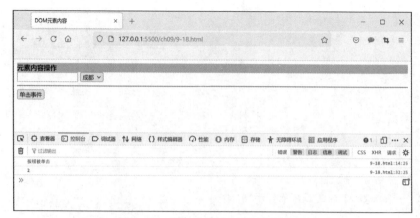

图 9-20　事件方法绑定事件运行结果

在 jQuery 库中，除使用事件方法绑定事件外，更通用的是使用 on()方法绑定事件。on()方法与事件方法最大的区别在于它可以为元素的同一个事件绑定多个事件处理方法，它的使用方式也更灵活。on()方法绑定事件具体案例如下。

【案例 9-19】on()方法绑定事件。

```html
<html>
<head>
  <title>9-19on()方法绑定事件</title>
  <style type="text/css">
    div {
      background-color: aqua;
    }
  </style>
<script type="text/javascript" src="jquery-3.6.0.js"></script>
<script type="text/javascript">
  $(function(){
    //单击事件处理，绑定两个事件处理方法
    $("#btn1").on("click",function(){
    console.log("按钮被单击事件一");
  });
    $("#btn1").on("click",function(){
    console.log("按钮被单击事件二");
  });
    //hover 事件比较特殊，用 on()方法绑定时
    //需要分别处理 mouseenter 和 mouseleave 事件
    $("div").on("mouseenter",function(){
      $("div").css("background-color","burlywood");
    });
    $("div").on("mouseleave",function(){
      $("div").css("background-color","aqua");
    });
    //文本框事件处理
    //on()方法可以使用对象传入多个事件处理方法
      $("input:text").on({
```

```
        focus:function(){
            //文本框获取焦点事件
            $(this).css("background-color","yellow");
        },
        blur:function(){
            //文本框失去焦点事件
            $(this).css("background-color","");
        }
    });
    //下拉列表框选择改变时触发
    $("select").on("change",function(){
        console.log($(this).val())
    });
});
    </script>
</head>
<body>
    <div><b>元素内容操作</b></div>
    <input type="text" value=""/>
    <select>
        <option value="1">南京</option>
        <option value="2">成都</option>
        <option value="3">武汉</option>
    </select>
    <hr/>
    <input type="button" id="btn1" value="单击事件"/>
</body>
</html>
```

运行结果如图 9-21 所示。

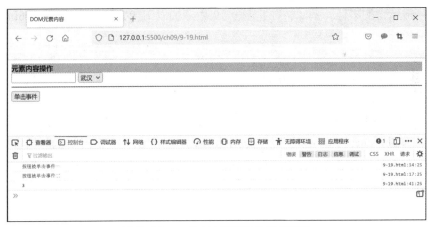

图 9-21　on()方法绑定事件运行结果

案例 9-19 演示了 on()方法的两种用法，第一种是绑定单个事件，同一个事件可以绑定多个事件处理函数；第二种是为 on()方法传入一个对象，对象的属性名表示事件类型，属性值表示对应的事件处理方法。

9.4.2 触发事件

事件除被用户或浏览器状态改变触发之外还可以被方法调用触发，在 jQuery 库中可以通过调用事件方法，如调用 trigger()方法和 triggerHandler()方法触发事件。

jQuery 库中的事件方法在使用时如果传递了参数，表示绑定事件；如果不传递参数，表示触发事件。例如案例 9-18 中的代码：

```
//单击事件处理
$("#btn1").click(function(){
   console.log("按钮被单击");
});
```

如果需要通过代码触发事件，可以调用事件方法且不传递参数，用法如下：

```
//触发按钮单击事件
$("#btn1").click()
```

使用 trigger()方法也能触发事件，方法参数为事件名，用法如下：

```
//触发按钮单击事件
$("#btn1").trigger("click");
```

triggerHandler()方法也能触发事件，用法和 trigger()方法一样，它们的区别在于 trigger()方法触发事件时会执行目标元素的默认行为，而 triggerHandler()方法在触发事件时不会执行目标元素的默认行为。

9.4.3 解绑事件

在 jQuery 库中，off()方法可以用于解除事件绑定，该方法可以移除选中的 DOM 元素上的全部事件或指定的事件，例如，在案例 9-19 中添加以下代码可以移除 id 为 btn1 的 DOM 元素的全部事件：

```
$("#btn1").off();
```

如果指定需要解除绑定的事件的名称，则可以只解除指定事件的绑定，下面的代码只解除 click 事件的绑定：

```
$("#btn1").off("click");
```

除了解绑事件，在 jQuery 库中还可以对 DOM 元素绑定只触发一次的事件，即使用 one()方法代替 on()方法来绑定事件，事件在被触发一次之后就自动解绑。one()方法的用法和 on()方法的一致。

9.4.4 事件对象

在事件方法中可以使用参数接收事件对象，通过事件对象可以获取和事件相关的信息，也可以用事件对象来阻止事件默认行为和事件冒泡。事件对象中的通用属性和方法如表 9-2 所示。

表 9-2　事件对象中的通用属性和方法

属性和方法	说明
currentTarget	在事件冒泡过程中的当前 DOM 元素
data	事件绑定时传给事件方法的数据
isDefaultPrevented()	事件对象中是否调用过 preventDefault()方法
isImmediatePropagationStopped()	事件对象中是否调用过 stopImmediatePropagation()方法
isPropagationStopped()	事件对象中是否调用过 stopPropagation()方法
metaKey	表示事件触发时哪个 Meta 键被按下，在 Windows 标准键盘上 Meta 键对应 Win 键，在 Mac 标准键盘上 Meta 键对应 command 键
nameSpace	当事件被触发时，该属性返回自定义的命名空间
pageX	鼠标相对于文档的左边缘的位置
pageY	鼠标相对于文档的上边缘的位置
preventDefault()	阻止事件默认行为
relatedTarget	在事件中涉及的其他任何 DOM 元素（对于 mouseout 事件，它指向鼠标指针进入的元素；对于 mouseover 事件，它指向鼠标指针离开的元素）
result	包含由被指定事件触发的事件处理器返回的最后一个值
stopImmediatePropagation()	阻止剩余的事件处理方法执行并且停止事件冒泡
stopPropagation()	防止事件冒泡到 DOM 树上，也就是不触发任何先辈元素上的事件处理方法
target	触发事件的 DOM 元素
timeStamp	事件触发时距离 1970 年 1 月 1 日的毫秒数
type	事件类型
which	针对键盘和鼠标事件，用于确定按的是键盘或鼠标上的哪个键

【案例 9-20】事件对象。

```html
<html>
<head>
  <title>9-20 事件对象</title>
  <script type="text/javascript" src="jquery-3.6.0.js"></script>
  <script type="text/javascript">
    $(function(){
      $("input:text").on("keydown",function(event){
        //通过事件对象属性显示事件类型和键盘按键编号
        $("div").html(event.type + ': ' +  event.which);
      });
      $("#f1").on("submit",function(event){
        //阻止事件默认行为
        event.preventDefault();
      });
    });
  </script>
</head>
```

```
<body>
  <form id="f1" action="/">
    <input type="text" value="请输入: "/>
    <input type="submit"/>
    <div id="log"></div>
  </form>
</body>
</html>
```

运行结果如图 9-22 所示。

图 9-22　事件对象运行结果

案例 9-20 中，使用事件对象的 type 属性获取了事件类型，使用事件对象的 which 属性获取了当前键盘被按的键的编号，在表单的 submit()事件方法中使用 preventDefault()方法阻止了表单提交，也就是阻止表单事件的默认行为。

在 jQuery 库的事件处理方法中，使用 return false 也能取消事件的默认行为，但本质上 return false 实际分别执行了 preventDefault()方法、stopPropagation()方法和停止回调方法并立即返回，而在上述步骤中真正用来阻止浏览器继续执行默认行为的只有 preventDefault()方法。所以如果只是需要取消事件的默认行为，还是建议使用事件对象的 preventDefault()方法。

本章小结

本章主要说明了什么是 JavaScript 库，并且重点介绍了现在使用比较广泛的 jQuery 库，重点讲解了利用 jQuery 库操作 DOM 和处理 jQuery 库事件的方法。在后续章节中将以本章的知识为基础逐步介绍 jQuery 库的其他应用。

习　题

9-1　什么是 JavaScript 库？

9-2　如何在开发中使用 jQuery 库？

9-3　jQuery 库常用于获取属性的方法有哪些？

9-4　如何使用 jQuery 库获取下拉列表框的选中项？

9-5　使用 jQuery 库实现文本框被选中时变成黄色背景。

综合实训

目标

利用本章所学知识，实现页面中的轮换显示新闻图片的效果。

准备工作

在进行本实训前，必须学习完本章的全部内容，并掌握利用 jQuery 库实现操作 DOM 与处理 jQuery 库事件的方法。

实训预估时间：60min

按图 9-23 所示设计页面。

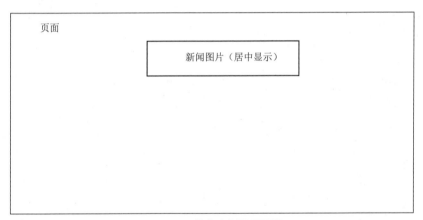

图 9-23　综合实训页面设计

要求实现在页面载入后，新闻图片部分能够自动以 3s 的时间间隔轮换显示 5 张不同的新闻图片，页面的布局需利用 CSS 完成。

第10章

Ajax应用

10

本章导读

本章首先将介绍 Ajax 技术的实现原理和 Ajax 技术在 Web 应用页面中的作用，然后讲解如何利用 JavaScript 实现 Ajax 应用以及如何构造可复用的 JavaScript 对象来实现 Ajax 应用，最后将简单讲解如何利用 JavaScript 库实现 Ajax 应用。

本章要点

- Ajax 应用原理
- Ajax 应用中用到的数据格式
- 构造可复用的 JavaScript 对象来实现 Ajax 应用
- 利用 JavaScript 库实现 Ajax 应用

10.1 Ajax 简介

2005 年，Jesse James Garrett 发表了一篇名为"Ajax: A New Approach to Web Applications"（Ajax：开发 Web 应用的新方式）的论文，这篇论文首次提出了 Ajax 技术这一概念。

微课 10.1 Ajax 简介

Ajax 技术是把 JavaScript、CSS、DOM 和 HTML 结合起来的一种新的编程思路和方法。

常规的 Web 应用在运行时需要经常性地刷新整个页面，用户在页面上做出一项选择或者输入一些数据后浏览器将把这些信息发送给服务器端，服务器端根据用户的操作返回一个新的页面，即使用户只是对服务器端做了一次简单的数据访问，服务器端也需要返回一个全新的页面。

以登录页面为例，除了登录表单，登录页面通常还包含其他信息，例如网站的图标、导航栏和版权信息等。传统的做法是，在用户提交了登录表单后，服务器端将比较用户在登录表单里输入的用户数据和保存在数据库服务器里的数据是否一致，如果用户输入的用户名和密码不正确，服务器端将把含有登录失败提示信息的登录页面再次发送给用户。在这个登录失败的页面中，网站的图标、导航栏和版权信息等与前一个页面一模一样，唯一的区别是登录失败的页面里多了一条告诉用户"密码或用户名错误"的消息。也就是说，虽然页面上只增加了少量内容，但实际刷新的却是整个页面。用户每发出一个请求，整个页面就会被全部刷新，页面的刷新与用户的请求是同步的。

如果在上述页面中使用 Ajax 技术，登录失败页面上就只有登录部分会发生变化，网站的图标、导航栏和版权信息等都会保持原样。在用户填写完登录表单并单击"提交"按钮之后，如果登录没有成功，出错信息将直接出现在原始的登录页面上。

传统的做法与使用 Ajax 技术后的做法区别在于：后一种做法里的表单数据是异步发送给服务器端的，用户发出的请求不会导致整个页面全部刷新一次，页面可以在后台对请求进行发送。

在 Web 应用开发中，客户端（浏览器）与服务器端一直有着非常明显的界线。在客户端，JavaScript 可以对当前页面的内容进行处理，一旦需要进行服务器端处理，就会有一个请求被发送到服务器端，而位于服务器端的程序（可以用 PHP、JSP 或 ASP.NET 等编写）会对用户的请求进行处理。

在传统做法中，每当客户端需要访问服务器端的内容时，就会向服务器端发送一个请求，而这个请求的响应又会从服务器返回给客户端。

Ajax 技术相当于在客户端和服务器端之间加入了中间层。JavaScript 代码先把请求从客户端发送给中间层，再由中间层把请求转发给服务器端，服务器端的响应也是先由中间层接收，再由中间层把响应的结果转发给客户端的 JavaScript 代码处理。

10.2 Ajax 应用分析

现在很多互联网公司都利用 Ajax 技术开发功能强大的 Web 应用，其中微软公司的

Outlook 电子邮件应用就出色地展示了 Ajax 技术的优势。在网页端 Outlook 电子邮件应用中，电子邮件草稿会定时自动发送给服务器端保存起来，而这个过程并不会刷新整个页面，如图 10-1 所示。这种交互过程的用户体验很接近于使用桌面应用程序的用户体验。除了用来使使用 Web 应用的用户体验接近于使用桌面应用程序的用户体验，Ajax 技术在处理一些页面细节方面也是很有效的，它可以大大提高网站的响应能力，也能提供更好的用户交互体验。

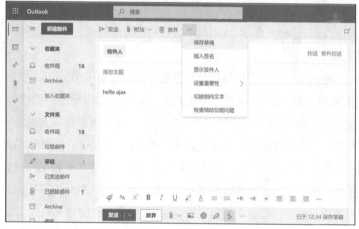

图 10-1　网页端 Outlook 撰写邮件页面，其中用到了 Ajax 技术

在图 10-2 中，在网页端 Outlook 收件箱中可以给重要邮件加上标记。如果用传统方法实现，单击标签会使得整个页面重新载入。而使用 Ajax 技术来实现的话，不会刷新整个页面，用户的注意力不会被页面刷新打断，而且来回传输的数据只有几个字节。

图 10-2　网页端 Outlook 收件箱页面，其中用到了 Ajax 技术

10.3　Ajax 的请求/响应过程解析

Ajax 技术的核心是对 XMLHttpRequest 对象的调用，Ajax 技术实际上是通过 JavaScript 使用 XMLHttpRequest 对象进行的所有服务器通信，返回的数据格式可以是 XML，也可以是 HTML、JSON 或任何一种文本格式。

利用 Ajax 技术向服务器发出请求的过程并不复杂，如案例 10-1 所示。

【案例 10-1】使用 Ajax 技术向服务器端发出请求。

微课 10.3　Ajax
的请求/响应
过程解析

```html
<html>
<head>
```

```
<title>10-1 使用 Ajax 技术向服务器端发出请求</title>
<script type="text/javascript">
  window.onload = function() {
    //为不同的浏览器创建 XMLHttpRequest 对象实例
    var transport;
    if (window.XMLHttpRequest) {
      transport = new XMLHttpRequest();
    } else {
      try {
      //兼容 IE 内核的浏览器
      transport = new ActiveXObject("MSXML.XMLHTTP.6.0");
      } catch (e) { }
      try {
        //兼容 IE 内核的浏览器
        transport = new ActiveXObject("MSXML.XMLHTTP");
      } catch (e) { }
    }
    //如果成功创建 XMLHttpRequest 对象实例，则通过对象向服务器端发送请求
    if (transport) {
      transport.open("GET", "/", true);
      transport.onreadystatechange = function() {
        console.log("响应事件");
      }
      transport.send();
    }
  }
  </script>
</head>
<body>
</body>
</html>
```

在 Firefox 浏览器中浏览案例 10-1 实现的页面，可以在开发者工具中看到页面在成功加载后立即向"/"地址发送了一个 GET 请求，而这个请求正是通过 XMLHttpRequest 对象发出的，如图 10-3 所示，这个页面可以认为是一个简单的 Ajax 页面。

图 10-3　通过 XMLHttpRequest 对象发出请求

235

案例 10-1 中的代码实现了访问 Ajax 服务器的基本做法。第一部分实例化 XMLHttpRequest 对象，由于不同的浏览器中 XMLHttpRequest 对象实例化的方法不一样，因此应该先尝试实例化原型对象，如果原型对象不存在，再尝试实例化 IE 浏览器特有的 ActiveXObject 对象。

第二部分在成功创建 XMLHttpRequest 对象实例后，通过 open()方法打开链接，该方法需要 3 个参数：第一个参数决定发送请求的方式（GET 或 POST），第二个参数决定请求发送到的服务器的 URL，第三个参数决定请求是同步发送还是异步发送，在 Ajax 应用中该参数一般设置为 true，表示异步发送。

通过 XMLHttpRequest 对象发出请求后，在请求发出至接收到服务器端对请求的响应期间会多次触发 XMLHttpRequest 对象实例的 onreadystatechange 事件，在该事件的内部可以通过检查 XMLHttpRequest 对象实例的 readyState 属性来获知调用的状态。readyState 属性取值与对应的说明如表 10-1 所示。

表 10-1   readyState 属性取值及说明

取值	状态	说明
0	未初始化	还没有调用 XMLHttpRequest 对象的 open()方法
1	加载中	还没有调用 send()方法
2	已加载	已调用 send()方法，服务器响应头已接收完成
3	交互	服务器响应体正在加载中，但未加载完成
4	完成	服务器响应体已经加载完成，响应体的内容可以通过 XMLHttpRequest 对象的 responseText 属性获取到

根据上述内容对案例 10-1 稍微改进，就可以让页面在正确接收服务器端响应后给出提示，而不是像原始的案例 10-1 一样多次响应 onreadystatechange 事件。改进部分代码如下：

```
transport.onreadystatechange = function() {
  if (transport.readyState == 4) {
    alert("访问 Ajax 服务器完成");
  }
};
```

案例 10-1 简单演示了如何利用 JavaScript 实现访问 Ajax 服务器。当然案例 10-1 是不具备任何实用性的，因为 Ajax 技术中还有很多细节需要考虑。

在传统的页面请求过程中，浏览器发出对数据的请求，然后等待服务器端返回响应，响应数据接收完成后浏览器渲染页面。在页面中使用 Ajax 技术后，可以大大减少客户端与服务器端之间的数据传输量，对数据的请求也可以异步发出，在访问 Ajax 服务器的整个过程中，用户不必等待服务器端响应和页面刷新，而且接收服务器端响应后只需要改变当前文档对象，不需要影响整个页面（包括图片和 CSS 等资源）。也就是说，Ajax 可以实现在发送请求到服务器端并接收服务器端响应的过程中保证页面无刷新。

图 10-4 和图 10-5 分别展示了非 Ajax 与 Ajax 两种服务器访问过程之间的区别。总之，Ajax 技术的应用意味着页面的响应度更高，完成相同任务所需的时间也更短。

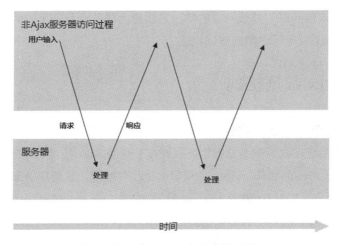

图 10-4　非 Ajax 服务器访问过程

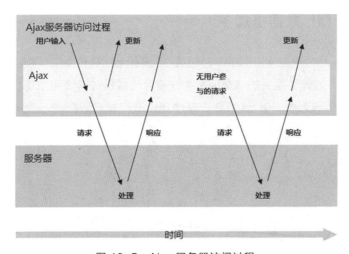

图 10-5　Ajax 服务器访问过程

　　设计任何 Ajax 页面的时候，都需要考虑用户的参与。与浏览器默认行为不符的设计会使用户在操作上感到很不适应。如果某段程序运行时间过长或等待服务器端响应的时间过长，用户往往会觉得是网站本身出现了问题。

　　如果用户在 Ajax 页面中发出一个请求，就应该告知用户目前正在访问服务器。通常的做法是在交互动作发起的附近放一个动画指示器，让用户知道现在要等一等，而不是网站本身出了问题。

　　Ajax 技术相对于传统的服务器访问方式来说是一种异步的数据发送与接收过程，在异步环境下往往需要考虑更多的异常情况，如下所示。

- 请求超时会发生什么事情？应该等待多长时间？
- 要是服务器端响应的数据格式不正确，该如何处理？
- 如果用户同时发出了多个请求该如何处理？

这些异常情况都是在开发一个使用 Ajax 技术的页面时必须解决的问题，在本章后续部分中将讲解如何解决这些问题，并把问题的解决方案整合成一个可复用的对象，在此之前我们必须先了解访问 Ajax 服务器时用的数据格式。

10.4 Ajax 数据格式

使用 Ajax 方式向服务器端发出请求后，服务器端会给客户端发送响应数据，在传统模式中响应数据由浏览器接收并处理，使用 Ajax 技术后响应数据将由相应的 JavaScript 代码（Ajax 中间层）接收并处理。在使用 Ajax 技术时，可以通过 XMLHttpRequest 对象的属性 responseXML 和 responseText 来获取服务器端响应的数据。从 responseXML 属性取得的是 XML 对象，从 responseText 属性取得的数据需要判断格式并解析。

微课 10.4　Ajax
数据格式

10.4.1　XML 数据格式

XMLHttpRequest 对象最初在设计时就是用来返回 XML 格式的数据的。它有一个 responseXML 属性，该属性返回的 XML 属性会被自动解析成一个可以定位的、XML 格式的 DOM 对象，让用户可以通过 DOM 方法在其中定位节点和获取数据。

```
//获取根节点
var doc = transport.responseXML.documentElement;
//获取标签名为 book 的节点的集合
var books = doc.getElementsByTagName('book');
for (var i = 0; i < books.length; i++) {
  //获取节点的文本内容
  alert(songs[i].firstChild.data);
}
```

从上述代码段可以看出，XML 格式的 DOM 对象与 HTML 页面中的 DOM 对象在用法上有一些不同，取得数据的方法也有一些不同。在 XML 里，文本内容也是节点，必须用 firstChild 属性来取得，然后通过文本节点的 data 属性或者 nodeValue 属性取得文本。

下面看一个 Ajax 页面的例子，该页面通过 Ajax 方式获取 XML 格式的数据，然后把 XML 数据插入页面中。该例子所实现的页面可以认为是一个典型的 Ajax 应用。

首先准备好一个作为服务器端响应数据的 XML 文档，文档内容如下：

```xml
<?xml version="1.0" encoding="utf-8"?>
<root>
  <book>
    <title>呐喊</title>
    <author>鲁迅</author>
    <description>《呐喊》中的小说，以振聋发聩的气势……</description>
  </book>
  <book>
    <title>三体</title>
    <author>刘慈欣</author>
```

```
   <description>《三体》讲述了地球人类文明和三体文明的信息交流……</description>
   </book>
</root>
```

然后准备一个 HTML 页面，其中包括按钮和一系列样式。上面 XML 响应数据中的数据内容将被插入 id 为 content 的元素里面。页面代码如下：

```
<html xmlns="http://www.***.org/1999/xhtml" >
  <head>
    <title>Ajax 获取数据</title>
    <style type="text/css">
      …
    </style>
  </head>
  <body>
    <div id="content"></div>
    <input id="btn" type="button" value="Ajax 获取数据" />
  </body>
</html>
```

该页面要实现的是在单击按钮后，通过 Ajax 方式获得 XML 格式的响应数据，并把数据内容转换成下面的 HTML 结构：

```
<div class="book" id="">
  <h2>呐喊</h2>
  <p class="author">鲁迅</p>
  <p>《呐喊》中的小说，以振聋发聩的气势……</p>
</div>
```

页面在用户单击按钮并收到 Ajax 调用的响应数据之后，用 getElementsByTagName()方法取得全部书籍元素的集合，通过循环并利用 DOM 方法逐一为每本书创建相应的 HTML 元素和文本节点，然后将其添加到 id 为 content 的页面元素中。解析 XML 数据并更新页面的 JavaScript 代码如下：

```
//获取根节点
var doc = transport.responseXML.documentElement;
//获取标签名为 book 的节点的集合
var books = doc.getElementsByTagName('book');
var container = document.getElementById('content');
var book, title, author, description, text;
for (var i = 0; i < books.length; i++) {
  //创建 div 节点作为书籍数据的容器
  book = document.createElement('div');
  book.className = 'book';
  //创建 h2 节点存放书籍标题
  title = document.createElement('h2');
  text = document.createTextNode(books[i].childNodes[1].firstChild.data);
  title.appendChild(text);
  book.appendChild(title);
  //创建 p 节点存放作者
  author = document.createElement('p');
  author.className = 'author';
```

```
text = document.createTextNode(books[i].childNodes[3].firstChild.data);
author.appendChild(text);
book.appendChild(author);
//创建 p 节点存放内容简介
description = document.createElement('p');
text = document.createTextNode(books[i].childNodes[5].firstChild.data);
description.appendChild(text);
book.appendChild(description);
//将创建的 div 节点添加到页面中
container.appendChild(book);
}
```

上面的代码取得 XML 数据对象中的第 1、第 3、第 5 个元素，因为在 XML 中空白文本节点也被认为是元素，所以要跳过它们。元素的 firstChild 是文本节点，data 属性取得的正是节点里的文本内容。完整的页面代码参见案例 10-2。

【案例 10-2】使用 Ajax 技术接收并解析 XML 格式的数据。

```html
<html>
<head>
  <title>10-2 使用 Ajax 技术接收并解析 XML 格式的数据</title>
  <style type="text/css">
      …
  </style>
  <script type="text/javascript">
    window.onload = function() {
        //为不同的浏览器创建 XMLHttpRequest 对象实例
        var transport;
        if (window.XMLHttpRequest) {
          transport = new XMLHttpRequest();
          } else {
            try {
              transport = new ActiveXObject("MSXML.XMLHTTP.6.0");
            } catch (e) { }
            try {
              transport = new ActiveXObject("MSXML.XMLHTTP");
            } catch (e) { }
          }
        //为按钮添加事件处理
        var btn = document.getElementById("btn");
        btn.onclick = function() {
          //如果成功创建 XMLHttpRequest 对象实例，则通过对象向服务器端发送请求
          if (transport) {
            transport.open("GET", "books.xml", true);
            transport.onreadystatechange = function() {
              if (transport.readyState == 4) {
                //获取根节点
                var doc = transport.responseXML.documentElement;
                //获取标签名为 book 的节点的集合
                var books = doc.getElementsByTagName('book');
                var container = document.getElementById('content');
                var book, title, author, description, text;
```

```
                    for (var i = 0; i < books.length; i++) {
                        //创建 div 节点作为书籍数据的容器
                        book = document.createElement('div');
                        book.className = 'book';
                        //创建 h2 节点存放书籍标题
                        title = document.createElement('h2');
                        text = document.createTextNode(books[i]
                                    .childNodes[1].firstChild.data);
                        title.appendChild(text);
                        book.appendChild(title);
                        //创建 p 节点存放作者
                        author = document.createElement('p');
                        author.className = 'author';
                        text = document.createTextNode(books[i]
                                    .childNodes[3].firstChild.data);
                        author.appendChild(text);
                        book.appendChild(author);
                        //创建 p 节点存放内容简介
                        description = document.createElement('p');
                        text = document.createTextNode(books[i]
                                    .childNodes[5].firstChild.data);
                        description.appendChild(text);
                        book.appendChild(description);
                        //将创建的 div 节点添加到页面中
                        container.appendChild(book);
                    }
                }
            }
            transport.send();
        }
      }
    }
  </script>
</head>
<body>
  <div id="content"></div>
  <input id="btn" type="button" value="Ajax 获取数据" />
</body>
</html>
```

案例 10-2 运行结果如图 10-6 所示。

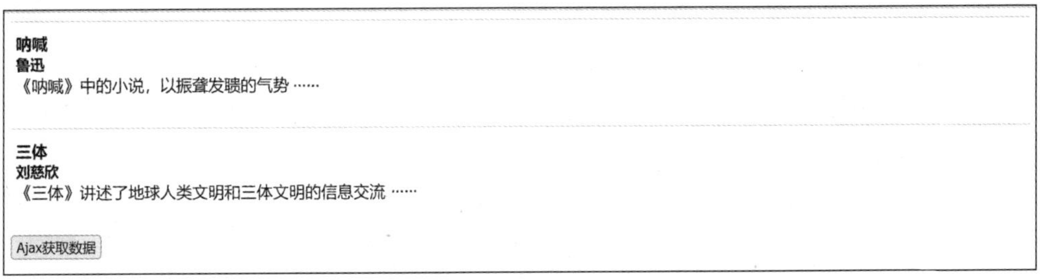

图 10-6 使用 Ajax 方式获取 XML 格式数据并解析的页面运行结果

241

10.4.2　JSON 数据格式

XML 作为一种 Ajax 服务器访问模式下的服务器端响应数据格式很好用，但同时也有一些不足。XML 格式的 DOM 对象在浏览器中的操作非常烦琐，处理各种跨浏览器问题也很不方便。

XML 只是服务器端响应数据格式的一种，我们还可以利用 XMLHttpRequest 对象的 responseText 属性来获取字符串格式的服务器端响应。字符串格式的服务器端响应也能有很强大的功能，其可以把字符串转换成更有用的内容。

利用字符串格式的服务器端响应传输一段 JavaScript 代码，然后用 eval()方法执行，代码如下所示：

```
eval(transport.responseText);
```

利用上述代码可以将服务器端响应作为一段插入页面的 JavaScript 代码来执行。现在，这种技巧已经演变成一种非常优秀的 Ajax 数据传输方式，那就是 JSON。

JSON 格式表示的数据对象实际上就是 JavaScript 语言中的字面量对象，但是只允许包含以下几种类型：字符串、数值、数组和其他字面量对象。并且键和字符型的值都必须用双引号标注。

如果把 10.4.1 节中用 XML 格式表示的书籍信息用 JSON 对象保存的话，它包含两个字面量对象——book1 和 book2，两者分别包含不同书籍的信息。具体用法如下：

```
var books = {
"book1": {
  "title": "呐喊",
  "author": "鲁迅",
  "description": "《呐喊》中的小说，以振聋发聩的气势……"
},
"book2": {
  "title": "三体",
  "author": "刘慈欣",
  "description": "《三体》讲述了地球人类文明和三体文明的信息交流……"
}
};
```

要引用 book1 的 title 数据，可以这样写：

```
books.book1.title;
//或者
books["book1"]["title"]
```

JSON 格式的数据从服务器端返回后，通过 eval()方法执行，就可以把其转换为页面中的 JavaScript 字面量对象了。

下面对案例 10-2 进行改造，让这个页面通过 Ajax 方式接收并解析 JSON 格式的数据然后显示在页面中。

【案例 10-3】使用 Ajax 技术接收并解析 JSON 格式的数据。

```
<html>
<head>
  <title>10-3 使用 Ajax 技术接收并解析 JSON 格式的数据</title>
```

```
<style type="text/css">
   …
</style>
<script type="text/javascript">
  window.onload = function() {
    //为不同的浏览器创建 XMLHttpRequest 对象实例
    var transport;
    if (window.XMLHttpRequest) {
      transport = new XMLHttpRequest();
    } else {
      try {
        transport = new ActiveXObject("MSXML.XMLHTTP.6.0");
      } catch (e) { }
      try {
        transport = new ActiveXObject("MSXML.XMLHTTP");
      } catch (e) { }
    }
    //为按钮添加事件处理
    var btn = document.getElementById("btn");
    btn.onclick = function() {
      //如果成功创建 XMLHttpRequest 对象实例，则通过对象向服务器端发送请求
      if (transport) {
        transport.open("GET", "books.js", true);
        transport.onreadystatechange = function() {
          if (transport.readyState == 4) {
            //从 JSON 数据中解析出 books 对象
            eval(transport.responseText);
            var container = document.getElementById('content');
            var book, title, author, description, text;
            for (var key in books) {
              //创建 div 节点作为书籍数据的容器
              book = document.createElement('div');
              book.className = 'book';
              //创建 h2 节点存放书籍标题
              title = document.createElement('h2');
              text = document.createTextNode(books[key]["title"]);
              title.appendChild(text);
              book.appendChild(title);
              //创建 p 节点存放作者
              author = document.createElement('p');
              author.className = 'author';
              text = document.createTextNode(books[key]["author"]);
              author.appendChild(text);
              book.appendChild(author);
              //创建 p 节点存放内容简介
              description = document.createElement('p');
              text = document.createTextNode(books[key]["description"]);
              description.appendChild(text);
              book.appendChild(description);
              //将创建的 div 节点添加到页面中
              container.appendChild(book);
```

243

```
          }
        }
      }
      transport.send();
    }
  }
}
    </script>
  </head>
  <body>
    <div id="content"></div>
    <input id="btn" type="button" value="Ajax 获取数据" />
  </body>
</html>
```

案例 10-3 运行结果与案例 10-2 一样，只是使用了 JSON 格式的数据。

10.5 创建 Ajax 应用对象

在前面几节中已经初步建立了应用 Ajax 技术访问服务器获取数据的页面，但是页面中的 JavaScript 代码并没有组织得很好，尤其是在实现 Ajax 技术的时候很烦琐，而且代码也不具备可复用性。本节的目的就是建立一个对象，通过封装实现 Ajax 页面所需的全部功能，以便在实际项目中使用。

首先需要创建一个可以实例化的对象。因为每次发起 Ajax 请求的时候都需要实例化这个对象，所以把它定义成一个可复用的类，代码如下：

```
function Ajax() {
  //为不同的浏览器创建 XMLHttpRequest 对象实例
  var transport;
  if (window.XMLHttpRequest) {
    transport = new XMLHttpRequest();
  } else {
    try {
      transport = new ActiveXObject("MSXML.XMLHTTP.6.0");
    } catch (e) { }
    try {
      transport = new ActiveXObject("MSXML.XMLHTTP");
    } catch (e) { }
  }
  //让 transport 成为 Ajax 对象的成员
  this.transport = transport;
}
//为 Ajax 对象添加发起请求的 send()方法
Ajax.prototype.send = function(url, options) {
  //查看 transport 是否正确创建
  if (!this.transport)
    return;
  var transport = this.transport;
  //解析字面量对象参数
```

```
var _options = {
  method: "GET",
  callback: function() { }
};
for (var key in options) {
  _options[key] = options[key];
}
//设置连接并发出 Ajax 请求
transport.open(_options.method, url, true);
transport.onreadystatechange = function() {
  _options.callback(transport);
};
transport.send();
}
```

通过上述代码，构建了一个实现基本 Ajax 请求功能的对象，该对象提供了一个 send()方法来向服务器端发出请求。send()方法需要两个参数，一个是 url，用来指定服务器地址；另一个是 options（字面量对象参数），用来设置服务器访问方式和回调函数。

然后，将上述代码放在一个单独的 JavaScript 代码文件里。这样就可以在页面中应用这个代码文件并使用 Ajax 对象了。

【案例 10-4】使用自定义的 Ajax 对象向服务器发出请求。

```
<html>
<head>
  <title>10-4 使用自定义的 Ajax 对象向服务器发出请求</title>
  <script type="text/javascript" src="ajax.js"></script>
  <script type="text/javascript">
    window.onload = function() {
      function process(transport) {
        if (transport.readyState == 4) {
          //从 JSON 数据中解析出 books 对象
          eval(transport.responseText);
          var container = document.getElementById('content');
          //将 id 为 container 的 div 的内容设置为 book1 的标题
          container.innerHTML = books.book1.title;
        }
      }
      //为按钮添加事件处理
      var btn = document.getElementById("btn");
      btn.onclick = function() {
        //实例化 Ajax 对象
        var ajax = new Ajax();
        //使用 Ajax 对象的 send()方法发出 Ajax 请求
        ajax.send("books.js", { callback: process });
      }
    }
  </script>
</head>
<body>
  <div id="content"></div>
```

```
    <input id="btn" type="button" value="Ajax 获取数据" />
</body>
</html>
```

案例 10-4 首先引用了一个外部的 JavaScript 文件，这个文件中包含本节开头定义的 Ajax 对象的代码，这样在页面中就加入了对 Ajax 对象的定义。同时，在页面中定义了 process() 方法，该方法将会作为参数传递给 Ajax 对象的 send()方法，当作接收到服务器端响应时的回调函数。

当页面中的按钮被单击时，会触发 Ajax 对象的实例化和 send()方法调用的代码，如下所示：

```
var ajax = new Ajax();
ajax.send("books.js", { callback: process });
```

这段代码执行后会根据指定的 URL 和回调函数发出服务器端请求并接收响应。接收到 JSON 格式的数据响应后，会在页面中显示第一本书的标题信息。

本案例也涉及从服务器端获取数据，所以上述代码在放置到 Web 服务器中之前只能在 Firefox 浏览器中正确运行。

10.6　Ajax 异常处理

在 10.5 节中已经创建了一个基本的 Ajax 对象，但是该对象只能在理想环境中运行，一旦碰到异常情况，例如请求超时和服务器端响应数据格式不正确等，该 Ajax 对象将无法处理，还会导致整个页面运行错误。在本节中将逐步对现有的 Ajax 对象进行改进，使其具有基本的异常处理功能。

10.6.1　访问超时

在 Ajax 服务器请求发送出去之后，发出请求的页面会一直等待服务器端响应，直到服务器关闭连接。如果遇到一些特殊情况，例如服务器繁忙无法及时响应、Internet 连接不通畅或服务器关闭等，用户就会觉得等待时间太长，从而开始怀疑是否页面本身有错误。

为了应对这一情况，比较成熟的做法是让页面等待一段时间后使调用超时，并处理超时错误。为此需要重新修改 Ajax 对象的定义，代码如下：

```
function Ajax() {
  //为不同的浏览器创建 XMLHttpRequest 对象实例
  var transport;
  if (window.XMLHttpRequest) {
    transport = new XMLHttpRequest();
  } else {
    try {
      transport = new ActiveXObject("MSXML.XMLHTTP.6.0");
    } catch (e) { }
    try {
      transport = new ActiveXObject("MSXML.XMLHTTP");
    } catch (e) { }
  }
```

```
    //让 transport 成为 Ajax 对象的成员
    this.transport = transport;
}
//为 Ajax 对象添加发起请求的 send()方法
Ajax.prototype.send = function(url, options) {
    //查看 transport 是否正确创建
    if (!this.transport)
        return;
    var transport = this.transport;
    //解析字面量对象参数
    var _options = {
        method: "GET",
        timeout: 5,
        onerror: function() { },
        onok: function() { }
    };
    for (var key in options) {
        _options[key] = options[key];
    }


    //判断 Ajax 访问是否超时
    var canceled = false;
    function isTimeout() {
        if (transport.readyState == 4) {
            canceled = true;
            //取消 Ajax 请求
            transport.abort();
        }
    }
    //到设置的时间后检查服务器端是否有响应
    window.setTimeout(isTimeout, _options.timeout * 1000);
    //设置连接并发出 Ajax 请求
    transport.open(_options.method, url, true);
    transport.onreadystatechange = function() {
        if (transport.readyState == 4) {
            if (!canceled)
                _options.onok(transport);
            else
                _options.onerror(transport);
        }
    };
    transport.send();
}
```

上述代码，相比 10.5 节的 Ajax 对象定义代码，添加了不少内容。

首先是对字面量对象参数 options 进行了扩充，添加了 timeout 属性用于设置访问超时的时间，添加了 onerror 属性用于指定服务器端响应错误后执行的函数，还添加了 onok 属性用于指定服务器正确响应后执行的函数，去掉了 callback 属性。修改并扩充的代码部分如下：

247

```
var _options = {
  method: "GET",
  timeout: 5,
  onerror: function() { },
  onok: function() { }
};
for (var key in options) {
  _options[key] = options[key];
}
```

然后，添加函数 isTimeout()用来检查服务器端响应状态，并通过 setTimeout()方法延迟执行函数 isTimeout()来判断服务器端响应等待是否超过指定时间。扩充的代码部分如下：

```
//判断 Ajax 访问是否超时
var canceled = false;
function isTimeout() {
  if (transport.readyState == 4) {
    canceled = true;
    //取消 Ajax 请求
    transport.abort();
  }
}
//到设置的时间后检查服务器端是否有响应
window.setTimeout(isTimeout, _options.timeout * 1000);
```

其中，canceled 变量用于设置超时后手动终止调用的标志。函数 isTimeout()在超时后调用，用于检查是否成功返回了响应结果。如果没有，就将 canceled 变量设为 true，表示必须手动终止这次调用，之后，调用 XMLHttpRequest 对象的 abort()方法，并自动触发 onreadystatechange 事件。

最后，修改 onreadystatechange 事件处理函数，检查 XMLHttpRequest 对象的状态（主要检查是否手动终止），并据此决定要分发 transport 对象到 onok 还是 onerror 事件处理函数，onreadystatechange 事件处理函数原来是通过参数传进来的，现在换成内部的处理函数。修改的代码部分如下：

```
transport.onreadystatechange = function() {
    if (transport.readyState == 4) {
      if (!canceled)
        _options.onok(transport);
      else
        _options.onerror(transport);
    }
};
```

至此，Ajax 对象经过修改，已经具备了检测服务器响应是否超时的功能。

10.6.2　HTTP 状态代码

Web 服务器在接收到任何一种访问请求时都会返回一个响应。在响应里面会包含一个状态代码，表示一些与服务器端响应相关的信息。

一个正确的服务器端响应往往包含的状态代码为 200。在 200～299 内的状态代码都表示服务器处理成功。300～399 内的状态代码表示服务器重定向。400～499 内的状态代码表示请求错误，这也是我们在浏览器中常见的 400 错误，可能是请求没有正确发送，也有可能是页面不存在。500～599 内的状态代码表示服务器本身出错。对于 Ajax 请求来说，只有得到 200～299 内的状态代码才能说是正确的服务器端响应。所以再对 Ajax 对象代码做最后的改进，主要是对 onreadystatechange 事件处理函数部分改进，让其检查服务器端返回的状态代码是否大于等于 200 且小于 300。具体代码如下：

```
transport.onreadystatechange = function() {
  if (transport.readyState == 4) {
    if (!canceled && transport.status >= 200 && transport.status < 300)
        _options.onok(transport);
    else
        _options.onerror(transport);
  }
};
```

【案例 10-5】测试 Ajax 对象的异常处理能力。

```
<html>
<head>
  <title>10-5 测试 Ajax 对象的异常处理能力</title>
  <script type="text/javascript" src="ajax.js"></script>
  <script type="text/javascript">
  window.onload = function() {
    function process(transport) {
      var container = document.getElementById('content');
      //将 id 为 container 的 div 的内容设置为服务器端响应字符串
      container.innerHTML = transport.responseText;
    }
    //服务器端响应错误的事件处理
    function processError(transport) {
      var container = document.getElementById('content');
      container.innerHTML = "访问超时";
    }
    //为按钮添加事件处理
    var btn1 = document.getElementById("btn1");
    btn1.onclick = function() {
      //实例化 Ajax 对象
      var ajax = new Ajax();
      //使用 Ajax 对象的 send()方法发出 Ajax 请求
      ajax.send("TestAjax.ashx", { onok: process });
    }
    //为按钮添加事件处理
    var btn2 = document.getElementById("btn2");
    btn2.onclick = function() {
```

```
        //实例化Ajax对象
        var ajax = new Ajax();
        //使用Ajax对象的send()方法发出Ajax请求
        ajax.send("TestAjax.ashx?waitTime=3", { onok: process });
    }
    //为按钮添加事件处理
    var btn3 = document.getElementById("btn3");
    btn3.onclick = function() {
        //实例化Ajax对象
        var ajax = new Ajax();
        //使用Ajax对象的send()方法发出Ajax请求，超时设置为3s
        ajax.send("TestAjax.ashx?waitTime=5", { timeout: 3,
                onok: process, onerror: processError });
    }
}
    </script>
</head>
<body>
    <div id="content"></div>
    <input id="btn1" type="button" value
                        ="Ajax获取数据（服务器端立即给出响应）"/><br />
    <input id="btn2" type="button" value
                        ="Ajax获取数据（服务器端3s后给出响应）"/>
<br/>
    <input id="btn3" type="button" value
            ="Ajax获取数据（服务器端5s后给出响应，设置的等待时间为3s）"/>
</body>
</html>
```

在案例 10-5 中，首先在页面里引用了改进后的 Ajax 对象代码文件，然后利用 Ajax 对象分别访问了等待时间不同的服务器页面。单击第一个按钮后访问的服务器页面无须等待，立即会给出响应；单击第二个按钮后访问的服务器页面会等待 3s 后给出响应；单击第三个按钮后访问的服务器页面会等待 5s 后给出响应，但是在传递给 Ajax 对象的参数中设置了 timeout 属性值为 3s，所以会取消等待服务器端响应，当作服务器端响应超时处理。

注意，案例 10-5 的源代码文件中包含一个服务器端页面，所以案例 10-5 的代码需要放在支持运行用 Java 编写的 Servlet 的 Web 服务器中才能正确运行。

10.6.3　多重请求

所谓多重请求，指的是一个页面在发出一个 Ajax 请求后在服务器端没有返回响应前又向该服务器端发出一个同样的 Ajax 请求。在 Ajax 网站应用中，多重请求经常会出现，所以在编写 Ajax 页面时必须考虑到多重请求的情况。

一般来说，会有以下两种多重请求场景。

第一种场景：后续 Ajax 请求覆盖掉前面的 Ajax 请求。例如，用户在搜索框中填写内容然后按"Enter"键，但是在接收到服务器端响应之前，用户意识到刚才的输入有误，于是做了修改并再次按"Enter"键。在这种情况下，用户并不想要第一次的搜索结果，只想要第二次的。所以在开发相应页面时应该检测用户是否发出了第二次请求，并决定是否应该覆盖掉第一次的请求。

第二种场景：用户连续发出了多次 Ajax 请求，但是服务器端响应的返回顺序是不定的。例如，一个聊天程序需要不断地轮询服务器以获得新的消息，消息的返回顺序应该和调用发出的顺序一致。

如果需要保证每次调用的返回有序，相当于用一个异步系统来模仿一个同步系统的行为。可以用一个令牌来跟踪每次调用。令牌可以用一个整数值来充当，每次调用的时候递增这个整数值就可以了。只有当令牌能匹配上的时候才交给回调函数处理，如果中间缺号，那就一直等到缺号的响应返回之后再继续，或者等到超时之后放弃缺号的响应。

10.6.4　意外数据

对于使用了 Ajax 技术的页面来说，还有一个需要注意的问题，就是对服务器端返回的响应的数据格式的检查。服务器端返回的数据不一定总是正确的。

如果打算以特定的格式返回数据，例如 XML 格式或 JSON 格式，应该在服务器端设置一种特殊的数据，让它在结果里能返回某种错误代码。然后让客户端在处理服务器端发回的结果之前，先检查错误代码，如果服务器端返回的不是客户端想要的内容，客户端也要能处理这种异常情况。

如果要在前面编写的 Ajax 对象中加入数据格式检查，以 JSON 作为响应数据格式为例，可以按照如下方式做修改。

首先需要约定服务器端错误情况响应返回的数据格式，如下所示：

```
var data = {
  "error": {
    "id":1,
    "message":"未知错误！"
  }
};
```

然后在 onok 事件处理函数中加入对异常数据的判断，以案例 9-5 中的 process()函数为例，如下所示：

```
function process(transport) {
  eval(transport.responseText);
  //如果 JSON 解析不成功，则不会有对象存在，意味着服务器端响应错误
  if (data) {
    return;
  }
  //如果 data 对象里有一个 error 属性，服务器端会返回一条错误信息
  if (data.error) {
```

```
      return;
    }
    //再往下才是正确情况的处理
    //...
  }
```

碰到服务器端返回错误信息的情况，可以在页面中显示警告对话框，也可以将错误信息
写到页面上。

10.7 利用 JavaScript 库实现 Ajax 应用

通过前几节的内容可知，在开发一个应用 Ajax 技术的页面时需要编写的 JavaScript 代码
很多，要考虑的问题也很多。在第 9 章中我们了解了现有的一些 JavaScript 库，实际上现在
的 JavaScript 库基本上都包含 Ajax 组件。也就是说，JavaScript 库已经完成了实现 Ajax 功能
的对象的编写，我们只需引用并学会使用。一般来说，被广泛使用的 JavaScript 库都比较稳
定，因为其有坚实的用户基础，缺陷会更快被发现。

下面来看如何用 jQuery 库实现 Ajax 应用。

jQuery 库是围绕 DOM 操作设计的，它在处理 Ajax 的方式上也是如此。首先，jQuery 库
中提供了一个便捷的 Ajax 调用函数，也就是函数 load()，该函数可以用在利用 jQuery 库获取
的 DOM 对象上，例如：

```
$("#content").load("a.htm");
```

上述代码首先通过函数$()获取页面中 id 为 content 的元素，然后向指定的 URL 发出
Ajax 请求，并用相应的结果替换 content 元素中的内容。

除了函数 load()之外，jQuery 库还提供了一个全局函数 getJSON()，该函数可以方便地发
出 Ajax 请求并接收 JSON 类型的响应结果，例如：

```
$.getJSON("a.js", function(data) {
  var tt = "";
  tt += data.Unid + ", ";
  tt += data.CustomerName + ", ";
  tt += data.Memo + ", ";
  tt += data.Other;
  $("#content2").html(tt);
});
```

函数 getJSON()接收两个参数，第一个是 URL；第二个是一个回调函数，当正确地从服
务器端获取 JSON 格式的响应后该回调函数会被调用，在调用的同时，该回调函数还会获取
一个参数，该参数就是解析出的 JSON 对象。上面的代码接收到的 JSON 数据如下：

```
{"Unid":1,"CustomerName":"宋江","Memo":"天魁星","Other":"黑三郎"}
```

jQuery 库除了提供函数实现便捷的 Ajax 应用之外，还提供了一个功能完整的全局函数
ajax()，该函数通过指定的输入参数可以实现任何类型的 Ajax 请求发送和解析任何类型的服
务器端响应数据，例如：

```
var options = {
  url: "books.xml",
  type: "GET",
  dataType: "xml",
  timeout: 1000,
  error: function() {
    alert("Ajax 应用错误！");
  },
  success: function(xml) {
    var tt = "";
    $(xml).find("title").each(function(i) {
      tt += $(this).text() + ", "
    });
    $("#content3").html(tt);
  }
};
$.ajax(options);
```

在上述代码中，全局函数 ajax()需要一个字面量对象类型的参数，在这个参数中对 Ajax
请求进行详细配置。url 属性指定了服务器页面地址，type 属性指定了请求发送的方式，
dataType 属性指定了服务器响应数据的格式，timeout 属性指定了超时的时间，error 属性
指定了异常情况产生时的回调函数，success 属性指定了成功接收服务器端响应数据后的
回调函数。

上述 3 个函数只是 jQuery 库提供的实现 Ajax 应用的主要函数，其他的 Ajax 应用相关函
数的使用可以参阅 jQuery 库的帮助文档。

【案例 10-6】利用 jQuery 库实现 Ajax 应用。

```
<html>
<head>
  <title>10-6 利用 jQuery 库实现 Ajax 应用</title>
  <style type="text/css">
    …
  </style>
  <script type="text/javascript" src="jquery-3.6.0.js"></script>
  <script type="text/javascript">
    window.onload = function() {
      function btn1Click() {
        //用 load()方法实现 Ajax 应用
        $("#content1").load("a.htm");
      }
      function btn2Click() {
        //用 getJSON()方法实现 Ajax 应用
        $.getJSON("a.json", function(data) {
          var tt = "";
          tt += data.Unid + ", ";
          tt += data.CustomerName + ", ";
          tt += data.Memo + ", ";
```

```
            tt += data.Other;
            $("#content2").html(tt);
        });
    }
    function btn3Click() {
        //用 ajax()方法实现 Ajax 应用
        var options = {
            url: "books.json",
            type: "GET",
            dataType: "json",
            timeout: 1000,
            error: function() {
                alert("Ajax 应用错误！");
            },
            success: function(books) {
                //遍历获取的 JSON 数据
                for(key in books){
                    //为每个图书数据创建元素并添加到页面中
                    var title = $("<h2></h2>").text(books[key]["title"]);
                    $("#content3").append(title);
                    var author = $("<p></p>").text(books[key]["author"]);
                    author.addClass("author");
                    $("#content3").append(author);
                    var description = $("<p></p>").text(books[key]["description"]);
                    $("#content3").append(description);
                    $("#content3").append($("<hr/>"));
                }
            }
        };
        $.ajax(options);
    }
    //为按钮绑定事件处理
    $("#btn1").bind("click", btn1Click);
    $("#btn2").bind("click", btn2Click);
    $("#btn3").bind("click", btn3Click);
    }
    </script>
</head>
<body>
    <input id="btn1" type="button" value="load()方法获取数据" />
    <input id="btn2" type="button" value="getJSON()方法获取数据" />
    <input id="btn3" type="button" value="ajax()方法获取数据" /><br/>
    <div id="content1"></div>
    <div id="content2"></div>
    <div id="content3" class="book"></div>
</body>
</html>
```

注意，由于案例 10-6 涉及从服务器端获取数据，因此需要放置到 Web 服务器中才能正确运行。

本章小结

本章主要介绍了什么是 Ajax，并且比较了它和传统页面调用的差异，还介绍了 Ajax 中使用的各种数据交换格式，以及它们各自适用的场景。

此外，本章还逐步讲解了如何设计一个 Ajax 对象，并且演示了如何为各种意外情况规划和扩展 Ajax 对象。本章最后重点讲解了 jQuery 库为 Ajax 应用提供的便捷方法，在用 jQuery 库实现 Ajax 应用的案例中只涉及了常用的一些函数与对象，如果需要全面了解使用 jQuery 库实现 Ajax 应用，还需要查询 jQuery 库的 API 文档。

习 题

10-1 什么是 Ajax？

10-2 Ajax 服务器访问方式与传统方式的区别是什么？

10-3 利用本章所讲的 Ajax 对象实现服务器端响应文本的获取。

10-4 结合服务器端程序利用 jQuery 库实现获取服务器时间。

综合实训

目标

利用本章所学知识，创建一个用户登录页面并以 Ajax 方式提交用户名和密码到服务器端进行判断，同时需接收和显示服务器端返回的数据。

准备工作

在进行本实训前，必须学习完本章的全部内容，并掌握利用 jQuery 库实现 DOM 操作、事件处理与 Ajax 应用的方法。

实训预估时间：90min

按图 10-7 所示设计页面。

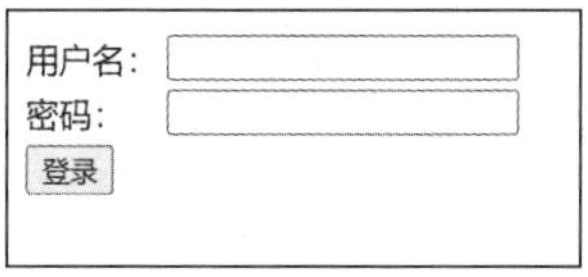

图 10-7 综合实训页面设计

要求实现在页面载入后，用户能够填写用户名和密码，并且当用户单击"登录"按钮后能以 Ajax 方式将用户名和密码提交到服务器端，并接收服务器端返回的登录成功与否的消息，最后以页面对话框方式提示用户是否登录成功。

　　值得注意的是，在编写 JavaScript 代码时可以用 jQuery 库辅助实现 Ajax 功能。同时本实训也涉及服务器端程序，这里给出 Java 服务器端程序 Servlet 代码以供参考：

```java
package com.example.ajax;
import javax.servlet.*;
import javax.servlet.http.*;
import javax.servlet.annotation.*;
import java.io.IOException;
import java.io.PrintWriter;
@WebServlet(name = "LoginServlet", value = "/LoginServlet")
public class LoginServlet extends HttpServlet {
  @Override
  protected void doGet(HttpServletRequest request,
                       HttpServletResponse response)
      throws ServletException, IOException {
    if((request.getParameter("name")!=null)&&
       (request.getParameter("psw")!=null)){
      if((request.getParameter("name").equals("admin"))&&
         (request.getParameter("psw").equals("admin"))){
        response.setContentType("text/plain");
        response.setCharacterEncoding("utf-8");
        PrintWriter out = response.getWriter();
        out.print("{\"isLogin\":\"true\"}");
        out.flush();
        out.close();
      }else{
        response.setContentType("text/plain");
        response.setCharacterEncoding("utf-8");
        PrintWriter out = response.getWriter();
        out.print("{\"isLogin\":\"false\"}");
        out.flush();
        out.close();
      }
    }
  }
}
```